化學家的科學講堂

從元素、人體到宇宙，
無所不在的化學定律

著——藤嶋昭、井上晴夫、鈴木孝宗、角田勝則
譯——陳識中

前言

科學技術對現代人非常重要。

科技可以幫我們取得乾淨的空氣和水，以及糧食與能源，當然在醫療保健也有很大的用途。為了能生活在舒適的環境，我們在學校學習前人們努力發現的智慧和技藝。

在本系列的前一本著作「物理學家的科學講堂」中，我們介紹了科學的其中一個重要領域「物理學」。而本書將為大家整理「化學」的歷史。本書試著將近500年化學史中的重要主題整理成16個大項。就跟「物理篇」一樣，本書中的各個項目都挑選了3位對該主題有卓著貢獻的化學家，並以他們的研究成果為中心來介紹該主題。

化學的歷史最早始於原子和分子的概念，爾後人們陸續發現了氫氣、氧氣、氮氣、以及二氧化碳。後來科學家又發現更多元素，並整理出了元素週期表。接著化學家用科學理論詮釋了各種化學反應是如何發生的，繼而發現了更多有用的新化合物並發明出便利的高分子化合物的製作方法。不僅如此，現代化學家還在研究找出通訊器材所用的半導體等各種功能性材料特性的方法。雖然這部分比較艱深，但請各位務必嘗試一讀。

希望通過本書，能讓各位讀者認識化學的有趣之處以及重要性。

—— 作者代表　　藤嶋　昭

目　錄

1 化學的基礎

波以耳
（1627-1691年）

提出表示氣體之體積與壓力關係的「波以耳定律」

道耳頓
（1766-1844年）

提出化學的原子理論、分壓定律、倍比定律

亞佛加厥
（1776-1856年）

提出化學基本定律之一「亞佛加厥定律」

　　人類跟其他動物不同，因學會用火而得以進步、發展文明。

　　懂得用火讓人類得以發明土器、陶瓷器、青銅器、以及鐵器。這些工具使我們的祖先早在數千年前就建立了物質文明。

　　隨著文明發展，人類開始思考物質的本質。在中國，古人認為萬物源自金、木、水、火、土這五種元素，世界上所有物質都是由五種元素結合而成。而西方文明則認為萬物的根源是火、氣、水、土。

　　直到17世紀，物理學領域以伽利略和牛頓為代表的近代科學家開啟了科學時代的序幕。投身自由科學研究的人愈來愈多，研究方法也日益進步，陸續有了許多重大的發現。

　　幾乎在同一時期，**波以耳**用實驗證明了氣體的體積會隨壓力增加而減少，完成了量化的測量。而到了19世紀，**道耳頓**提出所有物質都是由某種微小粒子，也就是原子（atom）所組成，甚至想出了各種原子的表示符號。道耳頓想到的原子有氧、氮、氫、碳、磷、硫、銅、鉛等等。就這樣，化學一點一點發展出今日的雛形。

　　幾乎同一時期，**亞佛加厥**提出了「在相同溫度和相同壓力下，固定體積的氣體所含的分子數量固定不變」的理論，也就是今日所說的亞佛加厥定律。不僅如此，亞佛加厥還假設組成氣體的物質並非單個原子，而是許多個原子聚集而成的大型粒子，並用實驗證明了這件事，將這種粒子取名為分子。例如他認為空氣中的氧氣、氮氣、以及氫氣分子都是由2個原子組成，並提出了O_2、N_2、H_2的表示方法。這便是分子概念的由來。

波以耳

羅伯特・波以耳（1627－1691年）／英國

化學家、物理學家、發明家。生於愛爾蘭。從倫敦的伊頓公學畢業後，於1641年造訪義大利，見到**伽利略・伽利萊**。返回英國後參與了皇家學會的設立，後半生都在牛津從事科學研究。聘用羅伯特・虎克為實驗助手一同製作了空氣泵，進行了一系列與空氣相關的研究，發表了波以耳定律。認為物質是由元素組成，並區分了混合物和化合物，建立了近代科學的基礎。

最大的貢獻

發現了「當溫度不變時，理想氣體的體積和壓力成反比」的波以耳定律。

波以耳先如圖一所示，將一條長水管跟一條短水管以U形相連，然後封死短管的開口，做出一個長達2公尺的玻璃管。接著他把水銀倒進長管，測量了短管內的空氣體積。透過這個實驗，波以耳發現當水銀的量（壓力）愈大，空氣的體積就愈小，兩者存在反比關係。這就是用來描述氣體的體積和壓力之關係的「**波以耳定律**」。這是1662年發生的事。

此外他還跟羅伯特・虎克合作，用空氣泵抽掉封閉容器內的空氣，證明了物質在真空中不會燃燒，也無法傳遞聲音。

波以耳定律

當溫度不變時，固定質量的氣體所占之體積V跟壓力P成反比。

假設有一在壓力P下體積為V的氣體，當壓力變成P'時體積變成V'，則：

$$PV = P'V' = k（固定不變）$$

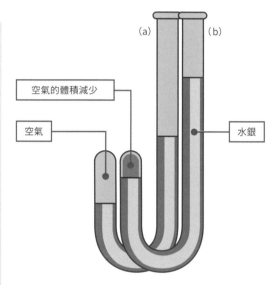

圖1 (a) 波以爾使用的J形管。空氣被鎖在密封側。(b) 從開口側倒入水銀，壓力上升，使空氣的體積減少

波以耳定律有關的查理定律

當壓力不變時，固定質量的氣體所占之體積V與絕對溫度T成正比。

假設有一在絕對溫度T下體積為V的氣體，當絕對溫度變成T'時體積變為V'，則：

$$\frac{V}{T} = \frac{V'}{T'} = k（固定不變）$$

雅克・查理

（1746–1823年）

法國發明家、數理學家。曾擔任法國科學院的物理教授。

日本的高中化學教科書上常把波以耳定律跟<u>查理定律</u>放在一起介紹，但其實雅克・查理本人從未以論文等形式發表過這個定律，實際發表者是給呂薩克，但他參考了查理的研究且十分尊敬查理，才用他的名字發表。查理曾自己設計、製造出用氫氣飛行的氣球，並在1783年搭乘自己製造的氣球升空。他用了卡文迪許（p.22）發明的方法，在鐵屑中加入鹽酸和硝酸來產生氫氣，然後注入氣球。他的氣球上升了550m，飛了2小時，在36km之外的地方降落。據說這是人類史上最早有紀錄的飛行，在巴黎引起極大的騷動。

約瑟夫・路易・給呂薩克

（1778–1850年）

出生於巴黎，父親為法官，曾就讀巴黎綜合理工學院和國立橋路學校。1802年測出氣體正確的熱膨脹係數，1808年就任巴黎大學的物理學教授。發現了氣體和溫度關係之定律，並如前述用自己尊敬的雅克・查理的名字而非自己的名字命名此定律。發現了硼和碘這兩種元素，留下許多成就。

在法國化學公司聖戈班公司成功領導團隊製造硫酸，在1843年起的4年間擔任過該公司的董事長。

波以耳 - 查理定律

波以耳定律是描述氣體在固定溫度下之表現的定律。而遇到溫度會發生變化的情況時，則會跟查理定律併用，合稱<u>波以耳 - 查理定律</u>。

假設某氣體在壓力為 P、絕對溫度為 T 時的體積為 V，當絕對溫度變成 T' 時體積變成 V'，則：

$$\frac{PV}{T} = \frac{(P'V')}{(T')} = k \text{（固定不變）}$$

波以耳的著作

在1661年出版的《懷疑派化學家》（The Sceptical Chymist）中，波以爾明確表示亞里斯多德主張的四大元素（火、空氣、水、土）和帕拉塞爾蘇斯提出的三原質（水銀、硫磺、鹽）不是化學物質的主要組成物質，認為物質應該是由許多不同種類的微小粒子組成。

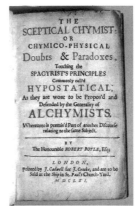

《懷疑派化學家》的封面（1661年）
攝自金澤工業大學圖書中心藏書

皇家學會（Royal Society）

始於「無形學院」這個以波以耳為首的科學和哲學等各領域的研究者齊聚一堂交流學術的聚會，後在1662年由英國國王查理二世簽署特許狀，成立為皇家學會。雖然冠有「皇家」一名，但實際上是靠會員繳交的會費來運作。波以耳也是創始成員之一，還曾被選為會長。

1665年起，皇家學會開始出版學會月刊〈自然科學會報〉（*The Philosophical Transactions of the Royal Society*）。這是世界上最早的科學期刊。後來科學界也開始用誰最早在該期刊上發表研究成果，來認定一項研究由誰先發現。

發明石蕊試紙

波以耳有一次偶然把含有少量鹽酸的水倒入花瓶中，然後把紫羅蘭放入花瓶，結果驚訝地發現一陣子後，紫羅蘭居然變成紅色。他從這個現象得到靈感，取了各種不同花朵的浸液，並觀察它們碰到酸性或鹼性溶液時的顏色變化。最後他用了地衣，把地衣中提取的紫色石蕊揉進紙張，發明了用溶液碰到石蕊紙時的顏色變化來判斷溶液是酸性還是鹼性的方法。這就是現在所用的**石蕊試紙**。

波以耳的預測

1662年波以耳寫下了24件他希望未來會實現的事情。這裡介紹其中幾個，現在它們已經是現代人每天都在使用的技術。

1）可以永遠發光的照明物
　　⇒鎢絲燈、日光燈、LED等
2）輕巧卻堅固的鎧甲（頭盔）
　　⇒塑膠類（防刺背心等）
3）在天空飛的技術
　　⇒飛機

創造歷史的科學家名言①

大自然從不做多餘的事，她總是用最容易和最單純的方法來完成她的工作！

—— 伽利略・伽利萊（1564-1642年）

道耳頓

約翰・道耳頓（1766 － 1844 年）／英國

生於英格蘭西北部的一戶貧窮人家，在鎮上的學校接受初等教育後改靠自學學習。12歲時就展現出可教導其他小孩的優秀才能。儘管道耳頓也曾在曼徹斯特學院當過數學教師，但他的大半生都是靠家教維持生計。

道耳頓年輕時曾受某位自然哲學家的個人指導影響，一生都在觀測氣象。

除了化學上的原子論外，道耳頓還提出了分壓定律和倍比定律。

偉大貢獻

道耳頓提出了化學上的原子論，主張不論何種物質，分解到最後都會變成不能再繼續分解的粒子。1803年，道耳頓提出原子應為物質的基礎粒子的新見解。

道耳頓提出了氫、氧、氮、碳、硫、磷這6種元素的表示符號（例如用⊙表示氫，用○表示氧，用●表示碳等）。而由瑞典化學家永斯・雅各布・貝吉里斯提出的H、O、C等符號，至今依然在使用。詳細可見p.15的表格。

年份	年齡	道耳頓的經歷和成就
1766年	0歲	出生在英格蘭西北部小鎮的一戶織工農家（9月6日）。
1777年	11歲	從鄰近村莊的小學畢業。
1778年	12歲	成為貴格會的一所學校的教師（當了2年）。
1780年	14歲	學校關閉，做了1年左右的農活。
1781年	15歲	搬到肯德爾，成為貴格會教徒學校的老師
1785年	19歲	開始與哥哥一起經營學校。
1787年	21歲	在老師約翰　高夫的建議下開始觀測氣象（此習慣一直維持到死前那天）。

年份	年齡	道耳頓的經歷和成就
1788年	22歲	移居曼徹斯特，成為曼徹斯特學院的教師（教授數學和物理）。
1793年	27歲	出版《氣象觀察與隨筆》。
1794年	28歲	發表了色盲症的研究。被選為曼徹斯特文學和哲學學會會員。
1795年	29歲	辭去曼徹斯特學院的教職，後改此私塾家教工作維生。
1801年	35歲	發表了有關混合氣體的定律。
1803年	37歲	思考出原子論的要點，在皇家學會進行了有關原子論的演講。
1805年	39歲	製作原子量表，與一位名叫Rev W. Johns 的友人一家同居。
1808年	42歲	出版《化學哲學的新體系》第一部（發表原子論和倍比定律）。
1809年	43歲	在皇家學會進行多場演講。
1827年	61歲	出版《化學哲學的新體系》第二部。
1830年	64歲	搬離友人家，自己找了間房子。同年成為法國科學院準會員。
1832年	66歲	被牛津大學贈與名譽學位。
1833年	67歲	被英國政府賜予150英鎊的年俸。
1837年	71歲	腦梗塞發作。
1844年	77歲	去世（7月27日）

道耳頓的為人

道耳頓年輕時曾師事盲眼哲學家約翰高夫，並在其啟發下進行了57年的氣象觀測。直到1844年7月27日過世的前一天，道耳頓每天都會仔細觀測氣象。其觀測記錄多達20萬篇以上。其過世前一天的觀測筆記上還寫道「今日小雨」。

1794年，28歲的道耳頓在所屬的曼徹斯特文學和哲學學會上公開了自己患有色覺異常的疾病。換言之他人眼中稱為紅色的顏色在他眼裡看起來就像影子中比較明亮的部分，而橘色和綠色則像是亮度不同的黃色。同時他還發表了自己的研究，認為色盲症的原因可是眼球變色所致。

由於這項發表，至今先天性色盲症仍有「Daltonism」之稱。

當時的英國只有英國國教徒才可以上大學。而道耳頓是貴格會教徒，終生未婚，也不喜名聲，推辭了皇家學會的邀約，但**漢弗里・戴維**（p.50）仍擅自替他辦了入會手續。此外道耳頓的經濟也十分拮据，甚至在朋友家借住了超過20年。

所謂的**英國國教**又叫英格蘭教會，簡單來說就是16世紀馬丁路德推動宗教改革，新教從天主教脫離時，以英國為中心建立的由英國國王領導的教派。

道耳頓揭示了原子的存在

道耳頓根據以下3個定律，在《化學哲學的新體系》這套著作的第一部中揭示了原子的存在。

①**質量守恆定律**（1774年 由法國的**拉瓦節**發現）：在化學反應前後，參與反應之物質質量總和不變。

②**定比定律**（1799年 由法國的**普勞斯特**發現）：組成1個化合物的元素質量比永遠不變。

③**倍比定律**（1808年 由英國的道耳頓發現）：若2元素可以生成兩種或以上的化合物時，在這些化合物中，一元素的質量固定，則另一元素的質量呈簡單整數比。

道耳頓觀察到，有些由碳原子和氧原子結合而成的分子中碳和氧的比例為1：1，有些則是1：2，因而提出了倍比定律。

道耳頓原子論的5大原則

道耳頓設想的原子，具有以下5個原則。

1.每種元素的原子都跟其他元素的原子不同。

2.相同元素的原子，其大小、質量、形狀都相同。

3.所有物質都是由不同原子以固定數量組成而成。

4.化學反應只是原子和原子改變了結合方式，不會有新原子產生，也不會有舊原子消滅。

5.所有元素都是由名為原子的微小粒子組成。

發現分壓定律

1799-1801年間，道耳頓研究了水的蒸汽壓，發現潮濕空氣的壓強等於乾燥空氣的壓力和水蒸氣的壓力相加，想出了混合氣體的壓強等於各成分氣體的分壓總和的分壓定律。

道耳頓的思想

儘管必須靠家庭教師等教育工作來賺錢維生，但據說道耳頓曾說過「即使不當老師而成為富翁，我也不認為自己會有更多時間從事研究」。

換言之當家教對道耳頓來說反而可以轉換心情，令人不禁為他一心作學、從事研究的堅強意志而感動。

以道耳頓（DALTON）為公司名稱

三英製作所是一家專門生產和販賣科學機器和研究器材的日本公司，這家公司的老闆感念於道耳頓的偉大功績，將公司改名為株式會社DALTON。根據DALTON公司現任會長矢澤英人先生所述，在1988年創立這間公司的矢澤英明先生是為了效仿道耳頓努力不懈的驚人意志和科學史上的偉大功績才決定改名的。不僅如此，雖然這間公司的實際創辦日是9月3日，但因為剛好跟道耳頓的生日（9月5日）只差2天，所以就乾脆以9月5日為創社紀念日。

現在曼徹斯特都會大學內仍有道耳頓的雕像，不知英國人若知道在地球另一端的日本，也有人如此尊敬崇拜道耳頓的話會做何感想呢？

曼徹斯特都會大學內的道耳頓像

關於現代的元素符號

現代人使用的元素符號是1814年由瑞典化學家**貝吉里斯**發明的版本發展而來，是從各元素的拉丁語取出1或2個字母來當作該元素的符號。

道耳頓的元素符號	現代的元素符號			
	元素符號	元素名稱	元素符號	元素名稱
	H	氫	Sr	鍶
	N	氮	Ba	鋇
	C	碳	Fe	鐵
	O	氧	Zn	鋅
	P	磷	Cu	銅
	S	硫	Pb	鉛
	Mg	鎂	Ag	銀
	Ca	鈣	Au	金
	Na	鈉	Pt	鉑
	K	鉀	Hg	水銀

永斯・雅各布・貝吉里斯
（1779–1848年）

在烏普薩拉大學學習醫學，後成為斯德哥爾摩醫學外科學院的醫學、藥學教授，但對化學也相當熱衷，後來又成為化學教授。1802年自己用60組鋅板和銅板做了一個伏打電池，測試能不能將電池用於治療。長期研究以礦物為首的各種無機化合物。

編寫過化學教科書，1810年當上瑞典皇家科學院院長，1812年會見了英國的**漢弗里・戴維**。貝吉里斯是釷元素和硒元素的命名者，並在1824年成功提取出了高純度的矽。

他認為道耳頓的元素符號不好用，在1814年提出了採用拉丁語的首字母或頭兩個字母來命名的體系（上表），建立了現代元素命名法的基礎。

這個方法直到現在仍被用於表示元素和化合物。

1

化學的基礎

15

亞佛加厥

阿密迪歐・亞佛加厥（1776 － 1856 年）／義大利

1776年生於杜林的顯赫家庭，就讀法律系並取得了法律學位。靠自學學習數學和物理，並從事科學實驗，最終成為杜林大學的數學和物理學教授。

1811年，亞佛加厥發表了不論任何種類的氣體，在溫度、壓力、體積相同時所含的分子數也必然相等的假說。

然而，因為當時的亞佛加厥仍是個無名小卒，且內容較為艱澀，以致這個假說很長一段時間都沒有受到重視。直到發表的50年後，這個假說才被義大利化學家坎尼扎羅發現並大為肯定。他在1860年召開的國際科學會議上發表一篇解釋亞佛加厥定律的論文。坎尼扎羅主張只要利用亞佛加厥定律，就能正確計算出原子量和分子量。其後，亞佛加厥定律才漸漸被化學家們接受。

偉大貢獻

現代我們都知道1mol（莫耳）的氣體在1大氣壓和常溫環境中含有6.02×10^{23}個分子。雖然這個數只是個大略的基準值，但全球化學界為紀念10的23次方這個數字，甚至將化學紀念日定為10月23號。日本每年也會在這天舉辦由日本化學學會主持的演講會。

加厥的論文和 50年後的評價

1811年，亞佛加厥發表了一篇題為「原子相對質量的測定方法及原子進入化合物時數目之比的測定」的論文，文中明確提到了分子的存在。他在這篇論文中主張「同溫同壓的氣體在體積相同時存在相同數量的分子」。

而且亞佛加厥還認為所有氣體分子都是由2個原子組成，在反應時氣體分子會分離成粒子（原子）。

但這個主張卻跟道耳頓的原子論牴觸，因為道耳頓認為同種類的2個原子不太可能結合成分子。

此外，貝吉里斯主張化學鍵的本質是電力。所以同種類的原子理論上應該會互斥而不會相吸。

這種同種類的2原子結合成分子的現象，直到量子力學出現後才終於得到解釋（參照第10章）。

雖然亞佛加厥的論文一開始遭到漠視，但他後來又仍繼續進行增補，完成了《有重量物體的物理學》這部著作。這四卷著作在1860年於德國喀斯魯舉行的國際科學會議上被同為義大利人的化學家斯坦尼斯勞 坎尼扎羅拿出來介紹，從此聞名於世。

但令人遺憾的是，亞佛加厥本人在這場會議召開的4年前，也就是1856年便過世了。另外，元素週期概念的提出者門得列夫也有參加這場會議，並表示對亞佛加厥的貢獻深受感動。

『有重量物體的物體學』封面。
攝自金澤工業大學圖書中心藏書

　　在喀斯魯會議上，坎尼扎羅主張化學界應該接受亞佛加厥的假說，以打破原子量、分子量、化學式等混亂不一的現狀。

　　因為只要使用亞佛加厥定律，就能藉由比較相同溫度、壓力、體積之氣體的重量，算出分子的相對質量，也就是分子量。

气亞佛加厥也發表過氣體反應的定律

　　亞佛加厥的氣體反應體積定律主張，當溫度、壓力、體積相同時，氣體的化學反應會是簡單整數比。

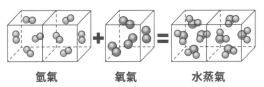

氫氣　　　　　氧氣　　　　　水蒸氣

圖1 氫氣和氧氣反應形成水

亞佛加厥常數

　　因為氧分子的分子量是32，所以32g也就是1莫耳（mol）氧氣在攝氏0度、1大氣壓的環境中體積是22.4ℓ。

　　那麼其中有幾個氧氣分子呢？答案是 $N_A=6.02\times10^{23}$，這個數就叫亞佛加厥常數。

　　另外，莫耳是國際單位制（SI）規定的7種基本單位之一，跟秒（時間）、公尺（長度）、公斤（質量）、安培（電流）、克耳文（熱力學溫度）、燭光（光度）並列，是物質量的基本單位。

正確的亞佛加厥常數數

　　1908年，法國的尚・巴蒂斯特・佩蘭（1926年諾貝爾物理學獎得主）（p.97）根據觀測花粉布朗運動的結果，算出亞佛加厥常數大約是 6×10^{23}。而到2019年5月20日為止，科學家算出的最精確數值為 $6.02214076\times10^{23}/mol$。

小故事

　　本書作者之一的藤嶋先生在距今6年前曾受邀前往亞佛加厥任教過的杜林大學參加新校園的開幕儀式。當時藤嶋先生獲贈了名譽博士學位，並進行了特別演講。但最令他感動的是有機會參觀亞佛加厥任教時上課的教室。

贈自杜林大學的名譽博士稱號

2 氫、氧的發現與燃素說

卡文迪許
（1731-1810年）
發現氫元素

普利斯特里
（1733-1804年）
最早公布發現氧元素的人

席勒
（1742-1786年）
實際上比普利斯特里更早發現氧

人類最早成功製造出氫、氧、氮等地球常見的基本氣體，並解明它們的性質，是在距今大約250年前的時候。

現在我們都知道在燃燒有機物時，碳會跟空氣中的氧進行化學反應，生成二氧化碳和水，但在18世紀後半葉，當時的科學界卻相信物體能燃燒是因為有**燃素**（Phlogiston）的存在。雖然這種想法在現代人看來很難理解，但本章要介紹**卡文迪許**、**普利斯特里**、以及**席勒**都曾是燃素說的強力支持者。

燃素說的內容大致如下。

在古代，火被認為跟土和水一樣是一種基本元素。根據這個思想，18世紀前後的德國科學家約翰·約阿希姆·貝歇爾和格奧爾格·恩斯特·斯塔爾等人提出了後來俗稱燃素說的理論。此理論認為，木頭和油脂等物質容易燃燒，是因為其中含有很多一種叫燃素的活力物質，當物體燃燒時，燃素就會被釋放出來。而因為紙張和木頭燃燒後會剩下少量灰燼，故當時的人們認為紙和木頭就是由灰燼和燃素組成的。

18世紀中葉，西方科學界開始盛行氣體化學研究，化學家們發現空氣不是基本元素，而是由至少兩種不同的氣體組成，其中1種可維持燃燒和呼吸，而另1種則不能。同時，當時科學家也了解到氣體是物質的一種狀態，並發現了好幾種氣體。然而，化學家仍然使用燃素說的框架去理解化學現象。對氣體化學的發展有巨大貢獻的普利斯特里和席勒雖然都是優秀的實驗者，並發現了很多新事物，卻不擅長理論化和系統化的工作。

我們在第3章會介紹，直到英國的**約瑟夫·布拉克**開始使用量化方法詳細研究化學現象，並將研究成果系統化，化學才得以邁出近代化的腳步。而實際推動這個進程的功臣是**安東萬-羅倫·德·拉瓦節**，他為化學界帶來堪稱「化學革命」的重大變革，誕生了近代化學。拉瓦節站出來否定了18世紀後半葉被大多數人支持的燃素說，他洞見了化學的本質，創造了許多偉大的成就。然而令人惋惜的是，拉瓦節在50歲時就在法國大革命中被推上斷頭台。關於拉瓦節的故事，我們將在下一章詳細介紹。

燃素說

在17世紀前後，人們已經知道某些金屬（錫、鉛、水銀等）在空氣中以猛火燃燒會變成灰狀物質。對於這個現象，18世紀的人們認為這是因為金屬中也含有燃素。

換言之，金屬之所以強韌、有彈性、有光澤都是因為含有燃素，而在燃燒後燃素被釋放出來，金屬就失去了光澤和彈性，變成灰狀物質。

第一個提出燃素理論的人是德國的醫生和化學家斯塔爾。

燃素說認為燃燒反應就是物質失去燃素的過程，而燃素在物體後會被空氣吸收。例如把鋅拿去燃燒，燃素會離開鋅，而鋅就失去了光澤。然而，把失去燃素的鋅金屬放進木炭中一起加熱，鋅金屬就會吸收木炭中的燃素，重新取回光澤。

以卡文迪許為首，當時很多人都相信燃素說是正確的。

然而，拉瓦節（1743-1794年）用精密的天秤測量了密閉容器內的金屬在燃燒前後的重量後，發現質量沒有任何改變。根據這個實驗結果，拉瓦節提出了化學反應前參與反應的物質和反應後產生的物質總質量不變的質量守恆定律（1788年）。後來這個定律被科學界承認，燃素說也就此退出歷史舞台。

如今很多人連燃素這個名詞都從未聽過，但在18世紀後半葉時燃素卻是化學界的話題中心。

而拉瓦節則是用金屬和化合物在高溫時跟氧氣產生反應來解釋燃燒現象。

格奧爾格·恩斯特·斯塔爾（1660-1734年）

德國的醫生和化學家。在耶拿大學學習醫學，於1684年取得博士學位。畢業後在耶拿大學開化學課，備受好評。後創設哈勒大學醫學系，之後又成為普魯士皇帝的御醫。

被斯塔爾尊為導師的**約翰·約阿希姆·貝歇爾**（1635-1682年）曾提出「所有礦物和金屬的性質都來自3種土（元素），其中之一就是油性土」的理論。

據說斯塔爾便是以此理論為基礎建立了燃素說。由於燃素說在性質上很好地解釋了燃燒現象，因此直到18世紀後半葉都被大多數人採信。

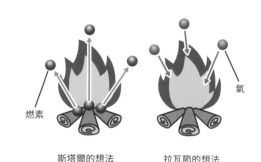

斯塔爾的想法　　　　拉瓦節的想法

創造歷史的科學家名言②

你愛你的生命嗎？別浪費時間，因為生命就是由時間構成的。

—— 班傑明・富蘭克林（1706年－1790年）

卡文迪許

亨利‧卡文迪許（1731－1810年）／英國

英國化學家、物理學家。生於南法的尼斯。2歲時便失去母親，自幼便跟身為英國第二代德文郡公爵，擁有龐大家產且科學造詣深厚的父親共同生活。卡文迪許在繼承爵位後也常常關在宅子裡埋首研究，發現了2容積的氫氣和1容積的氧氣可以合成水等許多現象。他採用了量化的研究方法，準確度以當時的平均實驗精度來說令人驚異。

偉大貢獻

1766年，卡文迪許在皇家學會發表了論文，公布了將鋅、鐵、錫等金屬融於稀硫酸或稀鹽酸後會產生某種可燃性氣體的發現。這種氣體的重量只有空氣的11分之1。卡文迪許當時所發現的氣體就是氫氣。

雖然早在卡文迪許之前就已經有人發現過可燃性氣體，但它們常跟**一氧化碳**和**烴**混淆，沒有明確的區分。而因為卡文迪許是燃素說的忠實信徒，所以他用了燃素說來詮釋了自己的實驗結果，認為這種「具可燃性的空氣」就是燃素。

1784年，卡文迪許又公佈了將「**具可燃性的空氣（氫氣）**」跟普利斯特里發現的「**去燃素空氣（氧氣）**」混合燃燒後會產生水的實驗。不久後，他又在1784年發現在密閉容器內裝入空氣和氫氣，再用電火花引發反應後，容器上會出現水滴。這也是氧氣和氫氣結合形成水的現象。

另外，卡文迪許在1785年還做了在密閉容器內裝入空氣後給予電火花來生成硝酸的實驗。在實驗時，卡文迪許一邊在容器內補充氧氣一邊持續放電，然後將生成的硝酸全部抽出後，發現容器內還剩下微量氣體（占總體積的120分之1）。這些氣體就是後來英國物理學家**瑞利男爵（約翰‧威廉‧斯特拉特）**發現的氬。（P.54）

卡文迪許異於常人的個性

①討厭社交，尤其對女性總是極盡所能避而不見。

②儘管出生於英國名門中的名門，坐擁龐大財產，生活卻一點也不奢侈，把所有錢都用於實驗。

③雖然研究就是生活的全部，但生前幾乎從未發表過實驗的結果。

儘管很多書上都把卡文迪許描繪成性格特異、不喜歡與人來往，事實上在皇家學會俱樂部1784年舉辦的53次聚餐中，**卡文迪許**從來沒有缺席過。但是他似乎真的對名利毫無興趣。（《科學迷列傳》《科学好事家列伝》佐藤滿彥 著（東京圖書出版，2006））

卡文迪許的研究成果
（包含有公開發表和未發表者）

有公開發表的主要研究（以皇家學會發行之學術論文期刊Philosophical Transaction of the Royal Society為主的共18篇報告）

1776年　　將鋅、鐵、錫等金屬融於酸性溶液後產生了氫氣。

1784年　　氧氣和氫氣可生成水。

1798年　　測量地球密度。

<u>未發表的研究</u>

卡文迪許絕大多數的研究都沒有公開發表，例如在其去世不久後的1839年的英國科學復興學會集會上，就曾出現一篇經他人之手公開的關於化學和熱學的未公布原稿。

對於卡文迪許的超群之處，《令人敬畏的科學家》（《畏貌の科学者》，小山慶太 著，丸善出版，1991年）一書中是如此敘述的：卡文迪許每天從早到晚都獨自關在房內做研究，進行高精密度的實驗，並在把實驗結果記錄到自己的筆記上後就滿足了。直到100年後，才有人解讀了卡文迪許留下的龐大筆記，重複了他做過每項實驗，並將其整理成報告書。這個人就是**詹姆士·克拉克·馬克士威**。馬克士威也是一位超一流的研究者，創造了奠定整個電磁學基礎的馬克士威方程組。

1879年，在劍橋大學出版社出版，由馬克士威所著《尊敬的亨利·卡文迪許的電學研究》一書中，整理了許多過去從未發表過的卡文迪許研究內容。其中竟然還包含：

- **庫侖定律**
- **歐姆定律**
- **法拉第電磁感應定律**
- **潛熱的相關知識**

等等發現。

普通的科學家大多都想盡快公佈研究成果，讓自己的功績能被天下人所知；但卡文迪許似乎只要自己找到答案就滿足了。順帶一提，英國的『**自然（Nature）**』是當今最受科學界重視的科學期刊，很多科學家都選擇在此期刊上發表自己的研究成果。而自然期刊的負責人也是卡文迪許家的後代。

卡文迪許實驗室

鑑於亨利·卡文迪許發現了氫氣等眾多了不起的研究成果，時任劍橋大學校長的遠親威廉 卡文迪許於是提議建立**卡文迪許實驗室**，並以私人名義給予捐助，最終實驗室在1874年成立。

當時劍橋大學的研究以神學等學問為中心，而這項提案也是為了強化當時仍較為弱勢的實驗物理學研究和教育。

該實驗室的第一任主任就是馬克士威，一如前述，馬克士威為了讓世人了解卡文迪許的偉大之處而付出很多心力。

後來接任主任的**歐尼斯特·拉賽福**也曾在卡文迪許實驗做過研究，並留下亮眼的成績，發現**鈾元素**會放出2種不同的放射線（α射線和β射線），以及發現α射線就是氦原子核，並提出電子繞著原子核旋轉的原子模型。在他成為主任後，卡文迪許實驗室迎來黃金時代，培養了包含發現中子的**查德威克**、發現DNA結構的**弗朗西斯·克里克和詹姆斯·華生**等眾多諾貝爾獎得主。

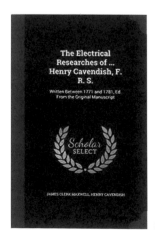

The Electrical Researches of ... Henry Cavendish, F. R. S.

Written Between 1771 and 1781, Ed. From the Original Manuscript

Scholar SELECT

JAMES CLERK MAXWELL, HENRY CAVENDISH

《尊敬的亨利·卡文迪許的電學研究》

關於氫元素

1個質子加1個電子，氫原子是所有原子中結構最簡單也最輕的。

氣體的氫是由2個氫原子組成的分子，因其重量實質上約等於2個質子，所以比其他氣體都要更輕。

想當然耳，氫氣（H_2）也比主要由氮氣分子（N_2）和氧氣分子（O_2）組成的空氣要輕得多。18世界人們之所以對氫充滿興趣，也是因為它比空氣輕盈的性質。

1783年，巴黎市民連續好幾天都抬頭盯著天空。因為當時發現了現代俗稱「查理定律」的知名法國物理學家雅克·查理，發明了一種可以大量生產氫這種當時剛發現的輕盈氣體的裝置，並做了一個裝滿氫氣的袋子，實現了人類在天空自由飛翔的夢想。

順帶一提，氫氣是在1766年被發現的。氫氣的發現者是英國物理學家和化學家的卡文迪許，但他當時把氫氣叫做燃素。而第一個使用"氫"這個名字的人，則是推翻了燃素說的法國化學家拉瓦節，那是查理的氣球飛上天空的2年前，也就是1781年的事。

儘管所有氫原子中的質子數都相同，卻存在著重量不同的同位素。由1個質子和1個電子組成的是普通的氫原子。在週期表上，氦以下之元素的原子核都有中子，但普通的氫原子卻沒有中子。然而也有極少數的氫原子擁有中子。這就是重氫。重氫是由各1個質子、中子、電子組成的原子。大氣中約有0.0115%的氫原子是重氫。

另外也有帶2個中子的超重氫存在。超重氫的自然含量比重氫更少，整個地球的超重氫加起來只有不到10kg左右。

跟其他元素的同位素相比，氫的同位素之間性質差異很大。因為氫的質量只有1，而重氫是2，超重氫是3。三者的重量差了2～3倍。這對它們的化學性質也有很大影響。實際上，把氫替換成重氫後，化合物的化學反應速度也會發生改變。這叫做同位素效應。

氫除了上述3種同位素外，還可以人為創造出更重的氫-4、氫-5等人造同位素。

氫的同位素

氫
（^1H：氕）

由1個質子和1個電子組成，又叫輕氫。質量數為1。是很穩定的同位素，占自然界所有氫原子的99.9885%。

重氫
（^2H：氘）

由1個質子和1個中子組成的原子核，以及在原子核周圍繞行的1個電子組成。質量數為2。屬於穩定的同位素，占自然界所有氫原子的0.0115%。

超重氫
（^3H：氚）

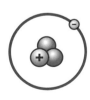

由1個質子和2個中子組成的原子核，以及在原子核周圍繞行的1個電子組成。質量數為3。是一種放射性同位素，但自然界中也有微量存在。

 質子　● 中子　⊖ 電子

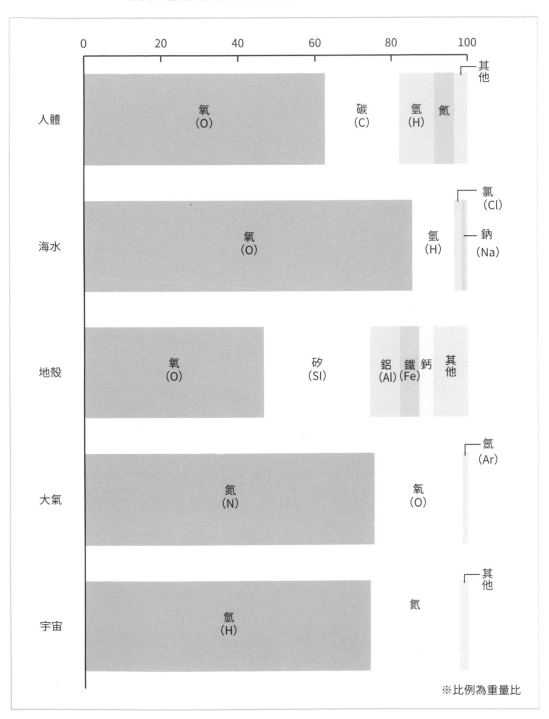

從宇宙到我們身體存在的元素比例

人體：氧 (O)、碳 (C)、氫 (H)、氮、其他

海水：氧 (O)、氫 (H)、氯 (Cl)、鈉 (Na)

地殼：氧 (O)、矽 (SI)、鋁 (Al)、鐵 (Fe)、鈣、其他

大氣：氮 (N)、氧 (O)、氬 (Ar)

宇宙：氫 (H)、氦、其他

※比例為重量比

氫、氧、氮、碳、矽、以及氦特別多。當然除了大量存在的元素外，其他少量存在的元素也都有重要的功能。

2

氫、氧的發現與燃素說

普利斯特里

約瑟夫・普利斯特里（1733－1804年）／英國

一位裁縫店主的兒子，後成為非英國國教的牧師，曾寫過英文文法和歷史的書籍。在倫敦認識了來自美國的班傑明・富蘭克林，受其影響出版了《電的歷史與現前狀態》一書。1767年，在英國利茲開始一邊擔任牧師一邊從事化學實驗。期間研究如何分離新氣體，從氧氣開始，研究了**一氧化氮、氯化氫、氨、二氧化硫**等等。

一生都篤信當時流行的燃素說。

後來為躲避宗教的混亂而在1794年移居美國。來到美國後明明沒有研究化學，但美國化學學會的最高獎項卻以其名字命名。

最重要的貢獻是發現氧

身為一名神學家，普利斯特里一生出版了大大小小超過100本的神學相關著作，並寫過如《關於物質和精神的研究》等書。他生於一個政治動盪的時代，是個非常令人感興趣的人物，同時是一位牧師、神學家、教育家、科學家、發明家、自然哲學家、政治哲學家，活躍領域相當廣泛，多到令人吃驚。

1767年，普利斯特里在利茲當上牧師後便開始研究氣體化學。當時他剛好住在一間釀造廠的隔壁，便開始研究發酵液體表面產生的**二氧化碳（CO_2）**的性質與控制氣體產生量的方法。將二氧化碳融於水製成的**蘇打水**就是由他發明的。1772年普利斯特里成為謝爾本伯爵的圖書管理員，從此擁有非常充裕的時間做研究，便開始廣泛研究各種氣體，發現了以氧氣為首的多種氣體。這是他作為一名化學家最多產的時期。

他最重要的貢獻就是發現氧氣。1774年，他把水銀在空氣中加熱得到的水銀灰（HgO）放到12英吋的透鏡下用陽光加熱。結果水銀灰釋放出氣體，變回了水銀。普利斯特里發現水銀灰加熱產生的氣體不融於水，而且蠟燭在這種氣體中燃燒得更旺盛，火紅的碳也會猛烈燃燒。然後他又把小老鼠放入充滿這種氣體的容器內，觀察這種氣體對呼吸的影響，結果老鼠在這種氣體中可以活得比放在普通空氣中更久。於是普利斯特里就這樣發現了一種新氣體（氧氣），並發現這種氣體比普通空氣更能維持燃燒和呼吸現象（參照第3章的拉瓦節）。

普利斯特里是化學史上成功分離和研究過最多新氣體的人。除了氧氣之外，他還對一氧化氮、氯化氫、氨、二氧化硫、四氟化矽等氣體做過系統性的研究。研究方向主要是氣體對水的溶解度、維持或中斷火焰燃燒的能力、對呼吸的影響等。

另外，若想更詳細了解普利斯特里的氣體研究，特別是1772年起這幾年間的研究方向，可以去看看《科學史，科學論》（《科學史・科學論》，柴田和子 著，共立出版社出版，2014年）這本書，此書也詳細介紹了他跟拉瓦節之間的關係。

普利斯特里在1791年被一群支持英國國教和英王的暴徒襲擊，家裡和教堂都被破壞，於是逃往倫敦。隨後又在1794年移居美國，最後於1804年在美國去世。儘管他遷居美國後就幾乎沒再做過化學研究，但據說他的存在卻喚醒了美國人對化學的興趣。**美國化學學會**的最高獎項**普利斯特**

里獎就是為了紀念他而設立。

普利斯特里的活躍地		
時代	年代	居住地
青少年時期	1733-1755年	利茲近郊
早期牧師時期	1755-1761年	薩福克郡、柴郡
沃靈頓學院時期	1761-1767年	沃靈頓
利茲時期	1767-1773年	利茲
謝爾本家時期	1773-1780年	倫敦和卡恩
伯明罕時期	1780-1791年	伯明罕
哈克尼時期	1791-1794年	倫敦
移居美國的晚年時期	1794-1804年	美國（諾森伯蘭郡）

 小故事

產品化高手普利斯特里

普利斯特里在1767年住在釀造廠隔壁時，發現把大麥、啤酒花、和發酵用的酵母一起放進大容器後，液體表面會形成泡沫，因此注意到液面上20～30cm處存在某種重氣體。他試著將這種沉重的氣體溶於水中，結果竟做出跟當時流行的礦泉水同樣的水。當時他創造出的就是二氧化碳溶於水製成的蘇打水，也就是汽水。據說普利斯特里以此為靈感，發明出了製造蘇打水的裝置。

而另一個被普利斯特里產品化的東西就是橡皮擦。他把法國人從南美帶回來的生橡膠做成邊長3cm的立方體，並取摩擦的意思命名為橡皮（rubber）。這就是橡皮擦的由來。

身為化學家的普利斯特里，是一名技術和創意俱優的實驗家，在很短的時間內研究了多種氣體，對氣體化學的發展有巨大貢獻。

普利斯特里獎

據說1774年8月1日是普利斯特里發現氧氣的日子。而在1874年，普利斯特里位於美國賓州的諾森伯蘭郡的英式住宅舉行了一場發現氧氣100週年的紀念會。據說這是全美的化學研究者第一次齊聚一堂，並在2年後的1876年成立了美國化學學會。由於這段歷史，1922年美國化學學會成立了普利斯特里獎，時至今日仍是美國化學學會的最高獎項。許多得獎者後來也拿到了諾貝爾獎。

以下是近12年普利斯特里獎的得主。

年份	得獎者
2010年	理察‧傑爾
2011年	艾哈邁德‧澤韋爾
2012年	羅伯特‧蘭格
2013年	彼得‧斯唐
2014年	史蒂芬‧利帕德
2015年	傑奎琳‧巴頓
2016年	穆斯塔法‧艾爾–賽義德
2017年	托賓‧馬克斯
2018年	傑拉爾丁‧L‧里奇蒙
2019年	巴里‧夏普萊斯
2020年	喬安妮‧史特布比
2021年	保羅‧阿利維薩托斯

席勒

卡爾．威廉．席勒（1742 － 1786 年）／瑞典

瑞典化學家，生於德國的一個商人家庭，後來到瑞典的哥特堡成為一位藥劑師的學徒，從此對化學產生興趣，並在瑞典各地一邊當藥劑師一邊做化學研究。他的豐功偉業中最為人所知的就是發現氧氣。

席勒也發現過氧氣

瑞典的卡爾．威廉．席勒比普利斯特里更早獨自發現氧氣。他相信空氣是由 2 種氣體組成，其中之一可維持燃燒和呼吸，另一種則不能（後來知道這就是氮氣）。他加熱金屬灰而發現了可維持燃燒作用的氣體（氧氣），並將之取名為「火氣」。

他在 1773 年就將自己的發現寫成書，但因為當初委託寫序文的人遲遲沒有動筆，結果直到 1777 年才得以出版，所以在普利斯特里於 1774 年發現氧氣時，沒有任何人知道這本書的存在。

跟普利斯特里一樣，席勒也是燃素說的信徒，未能正確理解氧氣在燃燒反應中的角色。

除了氧氣之外，他還運用了自己出色的分析技術，發現了石墨等多種無機物（無機酸、亞砷酸、鉬酸鹽等等）、有機物（酒石酸、草酸、乳酸、酪蛋白等等），對化學做出重大貢獻。

研究所需之物

在研究者中，既有出生於貴族之家，擁有廣大豪宅和充裕資金的卡文迪許這種人，也有因為擔任徵稅官而薪資豐碩，且有廣大官邸可當實驗室而取得重大研究成果的拉瓦節一類。另一方面，席勒則跟上述這兩位恰好相反。

席勒的家境相當貧窮，14 歲就到藥房當學徒工作，所幸其雇主鮑什是一位開明的人，鼓勵席勒在 8 年修業期間自學化學。而席勒的第二位雇主是馬爾默的謝爾斯特倫，他也是一位開明的人，允許席勒在工作之餘進行化學實驗，還給了他不少幫助。

然後在烏普薩拉，席勒有幸認識了在烏普薩拉教礦物化學的教授托爾貝恩 貝里曼（1753–1784 年）。席勒得到貝里曼的幫助，對礦物學和化學之間的關聯有了更深的認識，得以使用各種實驗材料做實驗。不僅如此，他還在 1775 年被選為瑞典皇家科學院的院士。

或許是空間狹窄卻堆滿各種藥品的藥局，意外地適合當做化學實驗的場所吧。席勒還發現了氯化銀放在窗邊會發黑的現象，藉此觀測到照相的基本現象。

可以說席勒正是研究者之中，者之中，可以證明只要具備足夠的才能、意志力、和努力，不論任何環境都能留下成果的代表性範例之一。

年份	年齡	席勒的經歷和成就
1742年	0歲	生於施特拉爾松德（原屬瑞典，今屬德國）一個商人家庭，是11名兄弟中的第7子。
1756年	14歲	前往哥特堡的藥房當學徒。隨後又輾轉在馬爾默、斯德哥爾摩的藥房工作。
1768年	26歲	研究草酸（最早的論文）
1769年	27歲	分離酒石酸。搬到烏普薩拉的藥房工作，期間陸續發現新物質。
1770年	28歲	從骨頭中提取出磷。
1771年	29歲	研究氟化氫。認識到氧氣的存在（1773年完稿，1777年印刷成書）。
1774年	32歲	發現氯（加熱二氧化錳和鹽酸）。
1775年	33歲	發現錳、鋇、砷酸、砷化氫。發現氯化銀的光作用。成為瑞典皇家科學院院士。童年成為雪平一間藥房的經理。
1777年	35歲	發現硫化氫。
1778年	36歲	發現鉬。
1779年	37歲	發現甘油（也有一說是在1783年發現）。
1780年	38歲	發現乳酸。
1781年	39歲	發現鎢酸。
1782年	40歲	發現氰化氫、檸檬酸、蘋果酸等。
1786年	43歲	去世（5月21日）

令人感動的短暫研究生涯

席勒留下的論文主要部分在弗里德里希・丹尼曼（Friedrich Dannemann）的《自然科學的發展與背景（Natural sciences in their development and context）》（日文版《ダンネマン大自然科学史第五》安田德太郎、加藤正 譯，三省堂出版，1942年，p.312-325）中都有解說。

席勒曾將硫磺和碳酸鉀的混合物放在溶液中密封，發現20%的空氣在2週左右的時間內被吸收，以此實驗結論討論了氧氣的存在。此外他還將磨碎的二氧化錳加入濃硫酸，然後加熱生成氧氣，並把蠟燭放到蒐集到的氣體（氧氣）中，觀察到蠟燭猛烈燃燒的現象。另外他也曾提到氧氣易融於水，並認為水中的魚就是靠融於水中的氧氣呼吸。

席勒除了氧、氮之外，還研究過氯化氫、氨、一氧化氮等氣體，對有機化學也有貢獻。曾做過生成草酸、蘋果酸的實驗，並成功讓橄欖油跟氧化鉛作用，分離出甘油。

席勒曾發現、研究過的化合物及其研究方法，內田正夫在最近出版的《化學史的邀約》（暫譯，《化学史への招待》化學史學會編，オーム社出板，2019年）中也有介紹。

《自然科學的發展與背景》日文版第五卷

3 二氧化碳和氮的發現與拉瓦節

布拉克
（1728-1799年）

發現二氧化碳

盧瑟福
（1749-1819年）

發現氮氣

拉瓦節
（1743-1794年）

質量守恆定律

　　雖然眼睛看不到，但我們可以感覺到空氣的存在，也每天都被空氣包圍著。空氣是一種透明且無味的氣體。同樣的，氫氣、氧氣、氮氣、二氧化碳也都是透明且無色無味。

　　空氣在古希臘時代曾被認為是構成萬物的四大元素之一，但到了18世紀，人們發現空氣至少是由氧氣和氮氣所組成。

　　當然早在稍早之前，**卡文迪許**就已經用實驗確定了**氫氣**是一種很輕的氣體，接著又發現氧氣是物體燃燒和動物呼吸時不可缺少的氣體。1772年，年輕的**盧瑟福**確認了空氣中大半部分是一種不參與燃燒作用的氣體，並將之命名為氮。而盧瑟福的老師**布拉克**則確認了燃燒會產生二氧化碳。

　　多虧了化學領域的眾多學者持續研究，人類慢慢了解了自己身邊存在的各種氣體的本質。在此過程中，一如前章所述，燃素（Phlogiston）這個概念被許多優秀的學者崇信了超過50年之久。儘管現代已經沒有多人會提到這個名詞，但這卻是一段非常有趣的歷史。

　　回顧化學這門學科在18世紀的發展，簡直就像在觀看一部感動人心的時代劇。特別是第3章將介紹的**拉瓦節**的活躍最為精彩。他可說是推動了整個當代化學史潮流的人物，或許可與物理學的**牛頓**和**伽利略**相提並論。

布拉克

約瑟夫・布拉克（1728 － 1799 年）／英國（蘇格蘭）

曾在格拉斯哥大學和愛丁堡大學擔任醫學和化學教授。除發現了被他稱為「固定空氣的氣體」的二氧化碳外，還曾從事過熱的研究。他加熱溫度剛好在熔點的冰，同時混合冰和水，發現混合物的溫度保持不變；還有沸騰的水就算繼續加熱，溫度也不會繼續上升，只會產生水蒸氣，他根據這兩個現象提出了潛熱的概念。

另外布拉克在格拉斯哥大學時跟詹姆斯・瓦特的關係很好，還曾在瓦特研發蒸汽機時給予建議。

發現二氧化碳和氮氣

二氧化碳和氮氣是布拉克在蘇格蘭的愛丁堡大學任教時，跟他的學生盧瑟福 2 個人一起發現的。

什麼是二氧化碳

二氧化碳的化學式為 CO_2，俗稱碳酸氣。大氣總體積的約 0.03％是二氧化碳。所有含碳物質的燃燒，以及動植物的呼吸、代謝、發酵，還有火山爆發等都會產生二氧化碳。

另一方面，植物的碳酸同化作用則會消費二氧化碳。近年由於化石燃料，尤其是石油的消耗量增加，使得大氣中的二氧化碳含量上升，成為全球暖化的原因。

在實驗室中，通常會利用碳酸鈣和鹽酸的作用來產生二氧化碳。而在工業上，通常用加熱分解碳酸鈣來生產二氧化碳，此外燃燒煤炭或酒精發酵時產生的二氧化碳也會回收利用。

氣體的二氧化碳被用於製造清涼飲料、用氨鹼法製造碳酸鈉、用氨的直接合成法製造尿素等。而固體二氧化碳則俗稱乾冰，被用來當成冷卻劑。

化學量化方法的普及和啟蒙

①布拉克發現加熱溫度處於融點的水冰混合物，混合物的溫度會穩定保持在 0℃，但水的量會增加；還有，溫度達到 100℃的水繼續加熱也只會蒸發，溫度不會超過 100℃。

②在 1760 年前後，布拉克從溫度相異、質量相同的水和水銀混合後，混合物的溫度不會介於兩者之間的事實，推論出水和水銀吸熱的能力不同。於是他區分了熱的量（熱量）和熱的強度（溫度），導入熱容量和比熱的概念，運用了量化方法進行研究。

③1754 年，布拉克在加熱碳酸鉀和碳酸鎂時觀察到它們會釋放出某種不是空氣的氣體，發現了二氧化碳，並將其稱之為「固定空氣的氣體」。此外，布拉克在處理化學反應時（處理生成的酸、鹼物時）總是非常謹慎，因此總能正確地測出重量變化，被讚譽為量化化學實驗的先驅。

全球暖化

太陽照射到地球的光會加溫地表，而被加溫的地表會放出輻射熱（紅外線）。地表釋放的輻射熱會被大中的水蒸氣、二氧化碳、甲烷等溫室氣體吸收，使大氣溫度上升。現在地球的平均氣溫大概在14℃前後，如果大氣中所有溫室氣體都消失的話，則可能只有−19℃。

然而近年，隨著人類的生活愈來愈方便，溫室氣體中的二氧化碳、甲烷、一氧化二氮、各式各樣的氯氟碳化合物在大氣中的濃度也不斷上升。這些溫室氣體在大中的濃度提升，使大氣的吸熱效果變強，連帶也讓地球的平均溫度開始上升。這就是**全球暖化**。

導致全球暖化的溫室氣體有很多種，但當中造成最大影響的是二氧化碳。

18世紀後半歐洲發生**工業革命**，自此以後石油、煤炭、天然氣等化石燃料被當成主要的能量來源，結果導致大氣中的二氧化碳濃度大幅上升。根據2013年公佈的IPCC（聯合國政府間氣候變化專門委員會）的第5次評估報告中的模型預測，在最壞的情況下，2081~2100年全球平均地表氣溫將比1986~2005年的平均溫度上升2.6~4.8℃。

在日本，2020年10月26日總理菅義偉上任發表的第一場所信表明演說[1]中宣布將「在2050年實現溫室氣體零排放」，並展開各項措施以實現這個目標。

乾冰

在購買冰塊或冷凍食品時，相信很多人都曾拿過「乾冰」當成保冷劑。乾冰除了能在炎熱季節替食品或藥品保冷外，還有很多其他用途。其中一個最令人意想不到的用途，就是在舞台或電視節目中當成煙霧、蒸汽的代替品，提高演出效果。而乾冰便是二氧化碳的固體狀態，是大約−80℃的低溫固體。

乾冰融化後不會變成液體，而是直接變回氣態的二氧化碳。汽化的二氧化碳重量約為空氣的1.5倍，所以會停留在低處。

乾冰的製作方式是對氣體二氧化碳加壓液化，然後將液體二氧化碳快速釋放到大氣中，於是二氧化碳在膨脹時會失去汽化熱（焦耳-湯姆森效應）而降溫，當氣體溫度降低至凝固點以下，二氧化碳就會固化變成粉末狀的乾冰。

這種細粉末狀的乾冰就算直接壓縮也不會凝固成形。要製作磚狀的乾冰，必須再加入一定比例的清水和藥水當成黏著劑。

3

二氧化碳和氮的發現與拉瓦節

---

1 日本行政機關首長對自己施政信念發表的公開演講。

補充 2

碳回收

　　為防止全球暖化，如何減少二氧化碳排放已成為全球共同課題。2017年日本的二氧化碳排放量約占全球總排放的3.4%（11.3億噸），緊接在中國、美國、印度、俄羅斯之後，排名第五大。

　　這是因為日本的電力十分倚賴火力發電，2017年度日本的總發電量約有82%來自化石燃料。

　　由於要在短時間內減少化石燃料占日本總發電量的比例很困難，因此需要配合捕捉二氧化碳當成資源再利用的「碳回收」方法來減少暖化效應。目前以經濟產業省為中心各部門正在推動「碳回收」政策。

　　在2019年1月的達沃斯論壇上，日本前首相安倍晉三提到了回收二氧化碳的必要性，並於同年2月在資源能源廳成立碳回收室，於6月時公佈「碳回收技術路線圖」。順帶一提，安倍晉三在達沃斯論壇上的演講中，也介紹了碳回收重要技術之一的**光觸媒**發現者，也就是本書的作者藤嶋昭。

　　光觸媒是指在紫外線照射下，水被分解成氫氣和氧氣（人工光合作用）的過程。被分解出來的氫可跟大氣中的二氧化碳反應，製造化學原料，因此光觸媒也被視為碳回收的關鍵技術之一。

　　在經濟產業省的路線圖中，將二氧化碳的應用領域分為①化學品、②燃料、③礦物、④其他。各領域的具體應用內容如下。

　　①在化學品領域，可應用於化學結構中含氧原子的塑膠製品。

　　②在燃料領域，可藉會行光合作用的「微細藻類」等將二氧化碳變成升質燃料。

　　③在礦物領域，可在製造混凝土時吸收二氧化碳。

　　④在其他領域，可利用海藻或海草吸收二氧化碳並儲存下來。

　　未來，假如這些碳回收技術能夠實用化，並擴大應用範圍，或許就能大幅減少大氣中的二氧化碳含量。

創造歷史的科學家名言③

我沒有失敗，我只是成功找出了20000個不能製造電燈泡的方法，和1個能夠製造的方法。

—— 湯瑪斯・愛迪生（1847-1931年）

盧瑟福

丹尼爾‧盧瑟福（1749－1819年）／英國（蘇格蘭）

愛丁堡大學跟隨約瑟夫‧布拉克學習，在學期間於1772年發現氮氣。後成為愛丁堡大學的生物學教授，並擔任植物園園長。其師約瑟夫‧布拉克研究發現，把燃燒的蠟燭放入密閉容器中，最後蠟燭一定會熄滅，並產生二氧化碳。布拉克讓盧瑟福接手這項研究後，盧瑟福把燃燒的蠟燭放入密閉的箱子裡，接著又放入燃燒的磷。接著他把燃燒剩下的氣體混合會吸收二氧化碳的溶液，再把剩下的氣體裝入箱子，並放進一隻老鼠。結果老鼠很快就暴斃。盧瑟福認為這個氣體是燃素已經飽和的有毒空氣，將其稱為「Noxious air」。這種氣體的英文叫「Nitrogen」，也就是現在常說的氮氣。

深信燃素說

布拉克和盧瑟福都相信**燃素說**，所以兩人都以為氮氣就是燃素化的空氣。換言之他們認為在密閉容器中小白鼠能呼吸、蠟燭的燃燒會釋放二氧化碳和燃素，而去除二氧化碳後，空氣中就只剩下飽和狀態的燃素。這就是**氮氣**。

關於氮氣

氮是最容易取得，卻無法被直接利用的元素，約占目前地球空氣的78%。氮明明與我們如此接近、這麼伸手可得，但相較於**碳**、**氫**、**氧**、**鐵**等元素，這種氣體卻很少被提及。

大約是卡文迪許發現「**可燃空氣**」，也就是氫氣的同一時期，他還做了一個從大氣中去除氧氣的實驗。而在那個實驗中最後「剩下的氣體」就是現在所說的氮氣，然而卡文迪許卻未能發現這個氣體的真面目。當時普利斯特里也做了相同的實驗，兩人也一邊透過書信討論一邊進行研究。

他們從實驗中發現在這種「剩下的氣體」中，火焰無法燃燒、生物無法生存，而且跟之前發現的二氧化碳不一樣，這種氣體比普通的空氣更輕。普利斯特里雖然找出了好幾個關於這種新氣體的特性，卻沒能想到這是一種純粹的物質。

普利斯特里是氧氣的發現者，但在他發現氧氣的3年前，席勒就已經猜想空氣是由2種不同的氣體組成，他由這兩種氣體的燃燒方式，將能燃燒的那種稱為「火氣」，不能燃燒的那種稱為「無效氣」。他混合了「火氣」和「無效氣」，用實驗確認了結果會變成普通空氣，幾乎就要發現了真實。然而，因為他也是燃素說的信徒，所以並沒有發表這項成果。

由上可見，現代所說的氫氣、氧氣、氮氣，早在這個時期就已經全部被人成功提取出來研究過，只是沒有一個人想到它們是元素，在燃素理論的影響下做出了各種錯誤的解釋。

最早宣布發現這種氣體（也就是氮氣）的人是盧瑟福。他是發現了「**固定空氣的氣體**」的布拉克的學生，將這種新氣體命名為「**有害氣體**」，在1772年的博士論文中公佈了這項成果。因此，直到現在

一般都認為氮的發現者是盧瑟福。

氮是人體必要的元素，是DNA（去氧核醣核酸）和**胺基酸**的重要組成元素。儘管氮對人體如此重要，我們卻無法直接從空氣中吸收氮氣。氮明明是大氣中最豐富也最容易取得的元素，卻無法被人體直接吸收。這是因為氮氣分子（N₂）的結合力很強，無法輕易轉化成其他分子。

生物切斷空氣中的氮分子鍵，吸收氮元素轉化成其他化合物的過程叫做固氮作用，在自然界中主要由細菌負責扮演這個角色。一部分具有固氮能力的細菌會在豆科植物的根瘤中跟植物共生，固定空氣中的氮來生成**氨**。

只要有了氨，就可以透過氧化作用生產**亞硝酸**和**硝酸鹽**，這個過程對植物來說並不算太困難。氮會在植物體內變成製造**蛋白質**等養分的原料，而動物則靠吃掉植物來吸收。儘管固氮對細菌而言在常溫常壓的環境下如家常便飯般簡單，但用人工來做卻非常費力。

若使用在第9章的「反應速度」會介紹的**哈伯法**，需要在約500℃，200～1000大氣壓力的環境下，用四氧化三鐵鍍氧化鋁等混合物當催化劑，才能用氮氣和氧氣人工製造氨氣。哈伯法是在20世紀初發明的，這個方法讓人類能夠用空氣生產植物生長不可或缺的氮肥，使農作物的產量有了飛躍性的提升。

3

二氧化碳和氮的發現與拉瓦節

氮循環

氮對生物而言是不可或缺的物質。氮會在地球大氣和生物體內循環利用。這個現象叫做氮循環。

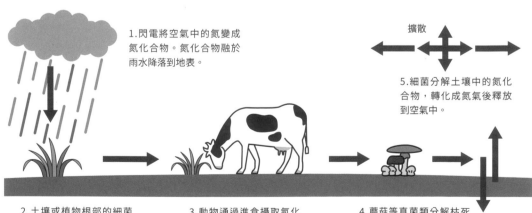

1.閃電將空氣中的氮變成氮化合物。氮化合物融於雨水降落到地表。

擴散

5.細菌分解土壤中的氮化合物，轉化成氮氣後釋放到空氣中。

2.土壤或植物根部的細菌將空氣中的氮氣製成氮化合物。

3.動物通過進食攝取氮化合物，再藉由排泄排出。

4.蘑菇等真菌類分解枯死的植物或死掉的動物屍體，將屍體中所含的氮化合物回歸土壤。

液態氮

　　液態氮是液體化的氮，是一種−196℃的超低溫液體。液態氮的超低溫特性被利用於食品的急速冷凍技術、生物試料的保存（卵子、精子、血液等）、超導物質的研究開發等各種領域。在超導體的研究領域，以前所用的是即便在所有元素都會變成固體的絕對零度（−273.15℃）下也能保持液態（常壓下），沸點低達−269℃的液態氦，但隨著科技進步，科學家發現了很多在液態氮溫度也會出現超導現象的高溫超導體，間接擴大了液態氮的應用範圍。

　　液態氮是用以下3個步驟製造的。

　　1. 去除空氣原料中的雜質

　　用空氣過濾器過濾空氣中的塵埃等雜質，再用二氧化碳吸收器去除二氧化碳，然後用油水分離器去除水和油。

　　2. 液化空氣

　　將空氣加壓到180~200大氣壓，接著去除產生的熱，使其絕熱膨脹，空氣便會因焦耳-湯姆森效應而降溫。冷卻後的空氣會液化，變成比重約0.87的淡藍色液態空氣。在實際製造過程中，空氣會從−150℃、180大氣壓的加壓狀態被一口氣釋放到6大氣壓左右，使之膨脹，最後冷卻變成液態空氣。

　　3. 分離液態空氣中的氧和氮

　　由於液態空氣是液態氧和液態氮的混合液體，所以還要利用液態氮沸點是−196℃跟液態氧沸點是−183℃的13℃溫度差，在蒸餾塔中分離二者。這樣一來就能生產出液態氮了。

極光顏色的秘密

　　極光的紅色和綠色來自被電子激發的氮原子和氧原子。

　　通常距離地表100km以上的高空就被稱為太空，而這片空域有時會出現覆蓋整片天空的極光現象。在這麼高的地方，大氣十分稀薄，只有地表濃度的300萬分之1不到。而存在於這稀薄大氣中的微量氧氣和氮氣，在碰到來自遙遠太陽的太陽風，也就是電漿流時，會被高速飛來的電子激化，發出輻射，於是就形成覆蓋整片天空的閃耀極光。極光主要出現在靠近南北極的地區，它的顏色一般分成上下兩層，大多極光的上層是暗紅色、下層是綠色。極光的紅色來自氮原子，綠色則來自氧原子。

可在南北極附近看到的極光（攝影：福西浩）
取自《迫近宇宙之謎 第1章》（暫譯，《宇宙の謎を迫る 第1章》）福西浩 著（学研プラス 出版，2020年）

創造歷史的科學家名言④

化學不會殺死大自然的神奇，而是孕育神奇。

—— 寺田寅彥（1878-1935年）

拉瓦節

安東萬－羅倫・德・拉瓦節（1743－1794年）／法國

在巴黎大學取得法學學士學位，但對科學也充滿興趣，且對礦物調查也有研究。後成為法國科學院的助理院士，做實驗用透鏡聚光燃燒鑽石，計算燃燒過後鑽石重量和容器中空氣重量的減少情況。拉瓦節研究過各種化合物的燃燒，提出了質量守恆定律。由於他曾經擔任過徵稅官，因此在法國大革命中年僅50歲就被送上斷頭台處死。

偉大貢獻

拉瓦節透過各種物體的燃燒實驗展示了空氣中的氧氣在燃燒作用中扮演重要角色。例如在用水銀和空氣生成水銀灰的實驗中，拉瓦節用空氣體積的減少來解釋水銀重量的增加。他加熱實驗中產生的水銀灰，搜集過程中產生的氣體，發現這種氣體比空氣更能維持燃燒和呼吸。這種氣體就是氧氣。此外拉瓦節也展示了在密閉容器中燃燒氧氣和氫氣會生成水。

外溢效應

拉瓦節還展示了空氣是由氧氣和氮氣組成的。不僅如此，他將那些無法再分解成其他物質的東西稱為元素，並發表了當時已知的33種元素的元素表。另外，他還寫了一本提到了**質量守恆定律**的教科書《化學基本論述》，說明了在化學反應前後參與反應的元素只是改變了結合方式，整體的種類和總量都不會改變。

對燃燒的正確理解

拉瓦節仔細測量了固體物質在燃燒時的固體質量和氣體體積的變化。他的武器是一個精密的天秤。他先在裝有空氣的密閉容器中燃燒磷和硫磺，發現燃燒前後容器內物質的總質量沒有變化。接著在實驗後他打開容器，讓空氣流入，發現總質量增加了，但增加量跟容器內空氣中所含的氧氣跟磷和硫磺反應後的消失量相等，而且也等於磷和硫磺氧化後所增加的質量。

於是他又用其他許多種物質做了同樣的實驗，最後證明了燃燒是物質跟空氣中的某部分氣體——也就是氧氣——結合產生氧化物的過程（圖1）。

圖1 拉瓦節做過的實驗之一
在左邊的容器放入水銀加熱，使之與空氣反應。右邊倒置於水中的容器用來測量空氣中減少的氧氣量。

由於氧化物大多是酸性，所以拉瓦節用了希臘語中的酸oxis跟有「誕生」之意的gen，將這種氣體命名為oxygen。另一方面，去除氧氣後的空氣無法維持燃燒，且動物也會窒息，所以他用法語的azote（使動物窒息之物）來命名剩下的部分，也就是現在所知的氮氣（nitrogen）。

除此之外，拉瓦節還整理當時所知的化學知識，命名了氫（hydrogen）、磷（phosphorus）、碳（carbon）等元素，並認為化學物質都是由這些元素組成的。

年份	年齡	拉瓦節的經歷和成就
1743年	0歲	生於巴黎，是一個富裕的高等法院律師之子。
1754年	11歲	進入巴黎大學馬薩林學院學習。
1764年	21歲	巴黎大學法學院畢業。
1765年	22歲	完成第一篇論文：石膏的硬化作用
1767年	24歲	隨地質學家蓋塔（Jean-Étienne Guettard）為製作地質地圖而外出旅行。
1768年	25歲	成為巴黎科學院院士，並加入法王直轄的稅務機關。
1771年	28歲	與同事的女兒瑪麗-安娜皮耶萊特結婚。
1774年	31歲	發現質量守恆定律。
1775年	32歲	發現氧化汞在強熱下產生與「固定空氣的氣體」（二氧化碳）不同的氣體（氧氣）。成為武器工廠（火藥硝石公社）的管理官。
1776年	33歲	搬進武器工廠居住。
1779年	36歲	提出「氧」這個名稱。
1783年	40歲	透過分解水展示水是一種化合物。
1789年	46歲	在《化學基本論述》（第一本近代化學教科書）中提到了質量守恆定律。將物質的終極組成要素取名為「元素」，並分類了氫、氧、氮等33種元素。法國大革命爆發，辭去所有公職，搬出武器工廠。
1793年	49歲	恐怖政治開始。因曾擔任徵稅官而遭逮捕。
1794年	50歲	被斬首處刑（5月8日）

質量守恆定律

1774年，拉瓦節將金屬裝入容器內密封，然後將之燃燒成灰後，測量發現灰燼的重量雖然變重了，但容器內物質的總質量卻跟燃燒前相同（**質量守恆定律**）。不僅如此，他還證明了灰燼之所以會比燃燒前更重，是因為金屬跟空氣中的氧氣結合發生了化學反應。拉瓦節在1789年發表的著作《化學基本論述》中公開了質量守恆定律。

內賢內助

拉瓦節在1771年28歲時跟一位徵稅官同事的女兒，當時只有13歲的瑪麗-安娜皮耶萊特結婚。她是一位非常有才華的女性，不僅為了幫助拉瓦節而去學習英文，替他將英文論文翻成法文，還幫拉瓦節做記錄和祕書工作，更找畫家學習畫畫，畫下了拉瓦節的實驗裝置。《化學基本論述》中的實驗器具圖片就是由她所繪。

1788年，畫過羅浮宮的《拿破崙加冕》等知名畫作的賈克-路易·大衛替拉瓦節夫妻畫了一幅肖像畫。這幅畫現在被收藏在美國紐約的大都會藝術博物館中。當時拉瓦節付給大衛的佣金相當於現代的2700萬日圓（590萬新台幣），肖像畫中的拉瓦節是45歲，瑪麗-安娜是30歲。

拉瓦節夫妻的肖像畫（賈克-路易·大衛 繪，現藏於大都會藝術博物館）

《化學基本論述》封面。攝自
金澤工業大學圖書中心藏書。

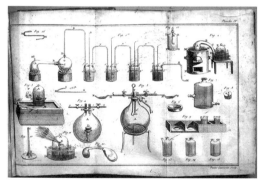

《化學基本論述》中由拉瓦節夫人繪製的實驗圖。
攝自金澤工業大學圖書中心藏書。

拉瓦節身為化學家和
徵稅官的兩面性

在《科學迷列傳》（佐藤滿彥 著，東京圖書出版會出版，2006年）第1章「在斷頭臺的朝露中消逝的化學家」中詳細講解了拉瓦節的兩面性。

數學家**拉格朗日**（1736-1818年）在拉瓦節被送上斷頭台處死的隔天曾如此感慨道：

「劊子手只用了一瞬間就砍下了這顆頭，但再過一百年也找不到像他那樣傑出的腦袋了。」

由此可見拉瓦節身為一名化學家，其科學成就有多麼偉大。

然而，拉瓦節是得益於其身為徵稅官（整個巴黎大約只有40人）的龐大收入，才能購置這麼多昂貴的實驗器材，並邀請眾多權貴參加其舉辦的豪華晚宴，使他的宅邸在很長一段時間成為巴黎社交界的中心。

而拉瓦節的宅邸本身就位在他的另一個重要職務——**武器廠管理官**所管理的武器廠中，並設有一間大實驗室。從拉瓦節妻子所繪的插圖可窺見這間實驗當時的樣貌，裡面的空間寬敞，擺滿各種玻璃器皿。至於豪華宴會的其中一例，就是拉瓦節曾招待從英國遠道而來的謝爾本公爵，而當時隨同謝爾本公爵赴宴的其中一位客人就是前章介紹的化學加普利斯特里。普利斯特里在1774年8月發現俗稱三仙丹的**氧化汞**在加熱後會產生氣體。普利斯特里發現將這種氣體放入容器，再把蠟燭放入容器後蠟燭會熊熊燃燒，且吸食起來的感覺十分舒適，將這種氣體稱為去燃素氣體。這就是**氧氣發現的經緯**。

那場宴會是在普利斯特里發現氧氣的3個月後，也就是1774年10月舉辦，據說普利斯特里在這場宴會上得意告訴了拉瓦節自己的發現。

宴會結束後，拉瓦節立刻重做了普利斯特里描述的實驗，並且還做了相反的實

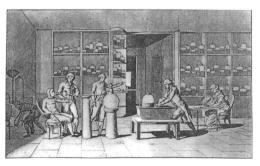

瑪麗-安娜所繪的素描。最右側是
瑪麗-安娜本人。

驗。他一如前述將水銀放進產生的氧氣中用高溫加熱，結果成功將還原出氧化汞。

　　拉瓦節立刻測量了反應前後的重量，才因此發現密閉容器重量沒有發生改變。

　　這就是質量守恆定律的大發現。

200年後對拉瓦節的評價

　　1989年是《化學基本論述》出版200週年的紀念年。

　　1994年，也就是拉瓦節被送上斷頭台的200週年，全世界都發表了許多紀念拉瓦節的論文。

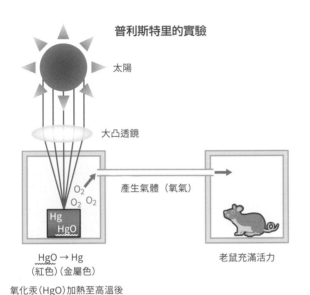

普利斯特里的實驗

太陽

大凸透鏡

產生氣體（氧氣）

O_2
O_2 O_2

Hg
HgO

$HgO \rightarrow Hg$
（紅色）（金屬色）

氧化汞（HgO）加熱至高溫後會產生氣體。

老鼠充滿活力

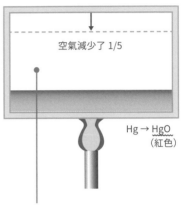

拉瓦節的實驗

空氣減少了 1/5

$Hg \rightarrow HgO$
（紅色）

剩下的4/5空氣無法助燃，被拉瓦節命名為azote，也就是氮氣。
（azote是希臘語的「無生命」之意）

小故事

　　讓人認識拉瓦節為何了不起的書

　　這本書除氫、氧、氮、二氧化碳之外，還可使你輕鬆愉快地認識氫、氦等基本氣體的發現歷史。

　　讀過這本書的1－3章後再來讀本書，可以更好地理解18~19世紀的化學研究潮流。同時也更容易認識到活躍於這個時代的道耳頓、卡文迪許、拉瓦節等人的偉大之處。是一本非常推薦大家一讀的刊物。

三宅泰雄

空気の発見

角川ソフィア文庫

《空氣的發現》（暫譯，《空気の発見》）三宅泰雄 著
（KADOKAWA角川Sophia文庫，2011年）

4 元素週期

門得列夫
（1834-1907年）
發表元素週期表

戴維
（1778-1829年）
1個人發現了6種新元素

拉姆齊
（1852-1916年）
發現了惰性氣體，揭露了第0族元素的存在

在古希臘時代，希臘人認為地球上的物質全部都是由4大元素（土、水、火、空氣）混合而成。而從300年前左右開始，科學家根據陸續發現的線索，確認了基本元素和組成元素的原子的根本性質，揭開了化合物和化學反應的真面目。

我們的身邊充滿了如黃金等肉眼清楚可見的元素，也存在像氧氣一樣肉眼看不到的元素。把物質分割到最細，直到不能再繼續分割後，其最小的組成成分就叫「元素」。元素的實體是一種名為「原子」的微小粒子。每種元素都有對應的獨特原子。幾乎所有元素都可以跟其他元素結合成化合物。所謂的化合物，就是由2種以上的元素所組成的物質。譬如水，水是由氫和氧這2種元素組成的化合物。而鈉和氯結合後會變成氯化鈉，也就是食鹽。碳元素可以組成數百種以上的化合物，其中大多是蛋白質和糖，是生物生命活動的能量來源。

我們身邊的所有物質都是由元素組成的化合物。如果你想更了解元素，可以去研讀元素週期表。所謂的元素週期表，就是整理了所有已知元素的表格，是全世界的化學家都在使用的工具。在週期表上，性質類似的元素會被排在同一區，且化學家可以一眼就看出每種元素的基本資訊。以週期表上的資訊為線索，可助化學家快速找出需要的元素，用於各種用途。

哪種元素以哪種型態存在、具有哪些性質、可以如何利用，都各有不同的故事。

世上第一個製作出現代週期表基本雛型的人是**門得列夫**。他把當時已知的63種元素排列在一張表上。當然其中包含了以黃金為首的銅和鐵等各種自古以來就為人所知的金屬，此外也包含了氫和氧等氣體。隨後，在伏打電池於19世紀初問世後，**戴維**利用電解法又發現了鈉、鉀等6種新元素。隨後，**拉姆齊**發現了門得列夫週期表從未設想過的氬、氖等空氣中存在的惰性氣體。在週期表逐漸被填滿的過程中，發生了許許多多的故事。

門得列夫

德米特里・門得列夫（1834-1907年）／俄羅斯

門得列夫生於俄國西伯利亞的托波爾斯克市，是14個兄弟姐妹中的老么。在擔任高中校長的父親過世後，門得列夫在13歲時隨母親搬到聖彼得堡，進入高等師範學校學習化學。期間門得列夫被選拔到德國、法國留學，在當地做完研究後回到俄國。1865年，他被聖彼得堡大學聘為化學教授。在1869年時，門得列夫打算寫一本新的化學教科書，於是將當時已知的63種元素依原子量和性質分成橫列和縱列來整理，結果發現性質相似的元素剛好都排在一起，便將之發表為元素週期表。1870年時，門得列夫詳細預測了3種未發現的元素存在。結果在1875年發現了鎵元素，1878年發現了鈧元素，1886年發現了鍺元素，這三種元素的性質都恰如當初預測。現在原子序101的人造元素「鍆（Md）」便是以門得列夫之名命名。

在化學學會發表元素週期表

門得列夫在1869年時在俄國化學學會上發表的元素週期表內容如下。

①將元素依原子量的大小順序排列整理，具有相同化學性質和物理性質的元素會剛好在同一縱列上。

②使用這張表，可以找出過去發表的原子量的錯誤並加以修正。

③表中的空白處是還未被發現的元素，且用此表可以詳細預測其性質。

偉大貢獻

儘管所有人都認同週期表的重要性，但門得列夫在整理當時已知的63種元素，依元素的重量排列，把化學性質、物理性質相似者整理在一起後，發現還有幾個空白之處。於是他預測應該還有10種可填補這些空白的未知元素存在。

後來，人們果然又發現了在當初被稱為類硼、類鋁、類矽的鈧、鎵、鍺。而且這三種元素的反應性、密度、融點等性質都跟門得列夫的預測十分接近。此外，門得列夫在按照當時認為原子量依序排列後，從元素的性質發現有些元素的原子量應該是錯誤的，最後化學界也依照門得列夫的批評修正。

外溢效應

元素週期表不只對物理化學，在所有科學領域都是很有用的工具，是科學界最重要的一張表。現代週期表的基本排列跟門得列夫當初的邏輯相同，不過又經過許多學術組織和各國學者的改良和補充。鑑於門得列夫的偉大功績，1955年時化學界用門得列夫的名字為在粒子加速器中以氦原子撞擊鑀原子產生的新元素命名，取名為鍆（Mendelevium）。這是週期表上的第101種元素。

日本學者森田浩介發現的原子序113的元素，在2015年12月由日本的理化學研究所命名為鉨（Nihonium）。

展示在聖彼得堡的門得列夫像旁的大週期表

依門得列夫的預測而被發現的鎵

門得列夫製作週期表的時候，化學界已知道了63種元素，而門得列夫按原子量排列這63種元素，製作了元素的分類表。這裡有一點很重要的是門得列夫比起元素的順序更重視元素的性質，並在排列時將性質相似的元素排在同一縱列上。這使得週期表出現許多空欄，而門得列夫認為這些空欄應該代表了某些尚未發現的元素。

門得列夫的厲害之處，在於他預言了應放入這些空欄的元素性質。例如鋁的下一個元素就是空欄，而應排在這裡的元素原子量約為68，比重為5.9，熔點低而不具揮發性，可緩慢溶於酸或鹼。門得列夫將這種未知元素稱為類鋁。這是1870年的事。

類鋁（eka-aluminium）的「eka-」是梵語的「1」之意，也就是右邊下一個的意思，即指排在鋁右邊的元素。

1875年8月27日，法國化學家德布瓦博德蘭發現了一種新元素。他以光譜學檢驗技術檢驗一塊閃鋅礦時，發現了從未看過的色帶。他將這種元素命名為鎵。後來他研究了這種元素的性質，結果驚訝地發現其原子量為69.9，比重5.94，熔點29.5℃，正是門得列夫當初預言的類鋁。

除此之外門得列夫還預測了類硼和類矽的存在。其中類硼就是1879年發現的鈧，類矽則是1886年發現的鍺。

鈧和鍺

1879年，被門得列夫稱為類硼的鈧元素被瑞典化學家尼爾松發現，尼爾松用自己的母國「斯堪地那維亞」將其取名為鈧（Scandium）。

而被稱為類矽的鍺元素則在1886年由德國化學家溫克勒在弗萊貝格附近的礦山中挖出的銀礦中發現。

門得列夫的孫子是日本人

根據《化學史的邀請函》（化學史學會 編，オーム社出版，2019）的「門得列夫和元素週期的發現」（梶雅範 著）一章所述，門得列夫的長子弗拉迪米爾跟一位名叫秀島貴（音譯）日本女性之間生下了一個叫小藤（音譯）的女兒。

秀島貴女士跟小藤

弗拉迪米爾是俄國的海軍士官，是在1891年隨當時仍是王子的沙皇尼古拉二世來訪日本的隨行士官之一，搭乘了戰艦阿佐夫號來到日本。這艘船在日本近海停留了大約1年半，期間曾5次停靠長崎港。而小藤就是弗拉迪米爾當時跟秀島貴生下的女兒。

弗拉迪米爾在回到俄國6年後就去世了。如今聖彼得堡的門得列夫博物館中仍保存了兩封由秀島貴寄給來俄國的書信。門得列夫似乎也曾寄錢給這位秀島貴和自己的孫子。

不知門得列夫的子孫如今生活在日本的什麼地方呢？

鍺元素的預言和發現

門得列夫

德國科學家。1873年成為故鄉弗萊貝格礦業學校的教授。發明了大規模生產鎳和鈷的方法以及氣體分析法。

溫克勒

類矽

門得列夫預言了此元素的存在（1871年）

原子量72
黑灰色的金屬
熔點：高
密度：5.5
製法：用鈉還原氧化物或氟鉀化合物來
　　　提取。
性質：
・會稍微被酸侵蝕。
・易與鹼起反應。
・加熱會形成氧化物。氧化物的熔點
　高，密度4.7。
・氯化物是液體，容易蒸發，沸點略低
　於100℃，密度1.9。

鍺

由溫克勒發現（1886年）

原子量72.59
灰色金屬
熔點：937.4℃
密度：5.4
製法：用氟鉀化合物跟鈉反應提取。
性質：
・不溶於酸（可溶於濃硝酸）
・可緩慢融於鹼
・加熱可產生氧化物。二氧化鍺的熔點
　為1100℃，密度4.70
・氯化物是易揮發的液體。四氯化鍺的
　沸點是83℃，密度1.88

自古以來就被人類運用的各種金屬

　　自古埃及時期，人類漸漸不滿足於金屬原有的實用和裝飾價值，開始研究更多的新功能。特別是中世紀的歐洲人更試著用化學創造既美觀又不會生鏽的黃金，也就是所謂的錬金術。下面提到的金屬都是在西元1500年之前就已經被人類使用，當然它們也都在門得列夫的元素週期表上。

水銀　Hg

　　由於是液體卻擁有金屬般的光澤，自古以來就一直吸引人類的關注。是唯一在室溫下為液態的金屬，比鉛更重。長久以來被用於製作溫度計。冷卻至－39℃時會變成固態。

金　Au

　　不會生鏽，永遠閃閃發光而略重的金

屬，自古以來就被人類視為寶貝。1g的金可拉成3km長的絲線，或敲打成只有0.0001mm薄、2張榻榻米大的薄片。

鉛 Pb

質地柔軟，加熱後可輕易融化的重金屬。被古代羅馬人用於製作水管。鍊金術師曾做過很多把鉛煉化成金的嘗試。

銀 Ag

在西元前4000年的埃及和美索不達米亞遺址中，除了金和銅外也發現了銀。銀是一種導熱性和導電性都很良好的金屬，1g的銀可拉伸到1.8km長，或是壓扁到0.0015mm薄。

銅 Cu

柔軟、易導熱和導電的金屬。可以跟很多金屬製成合金，也容易製成工藝品，因此被人類重視。曾被古代人跟錫製成合金（青銅），用來製造各種工具或器皿。

鐵 Fe

加熱不易融化，強固而有韌性，且相當堅硬的金屬。自古以來就為人類所知，據說西元前2000年的西臺人是最早開始加工鐵金屬製成武器等工具的文明。

硫 S

從火山地帶冒出的黃色固體。古時候被當成藥用，或燃燒硫磺用來替病房消毒。不易導電和導熱，燃燒時會放出臭味。

錫 Sn

銀白色的金屬，以金屬來說熔點溫度較低（232℃）。在鐵器出現以前，用銅和錫的合金打造的青銅器曾是人類最強的文明利器。

砷 As

自古便被當成毒藥使用而為人所知。儘管所有砷化合物的毒性都很強，但砷本身其實沒有毒。燃燒時的火焰是青色的，會發出臭味。

鉍 Bi

帶有紅色光澤的銀白色脆弱金屬。跟其他金屬混合後可製成可低溫融化的合金。

碳 C

自古以來人們就知道碳是一種可燃燒的黑色石頭（煤炭），但從近代才開始被當成燃料大量開採使用。石墨和鑽石也都是由碳組成的。

鋅 Zn

帶有青色光澤的白色金屬，跟銅混合後可製成易雕琢的黃銅。黃銅的出現比青銅和鐵更晚，據說主要用於羅馬時代。

磷 P

白色蠟狀的物質，接觸到空氣會放出帶綠色的光（磷光）。

銻 Sb

融化的銻在冷卻凝固後體積會增加，因此可利用這個性質製造各種合金。例如印刷用的活字就是鉛銻或錫銻合金。

戴維

漢弗里‧戴維（1778－1829年）／英國

戴維是一名木雕師的兒子，在父親死後，16歲的戴維開始跟隨一位外科醫師學習，並靠著研讀拉瓦節的《化學基本論述》自學化學。期間他做了只用摩擦熱來融化冰塊的實驗。1798年他進入一間氣體醫療研究所擔任管理員，在這裡發現了氧化亞氮（笑氣）具有麻醉作用。戴維的化學家身分因這項研究而受到認可，在1801年受聘成為英國皇家學會的助理教授，翌年又升任正教授。

戴維為了讓科學知識更加普及，會為一般民眾舉辦公開講座。精彩的科學實驗和富有詩意且簡單易懂的講解，讓戴維的講座每次都座無虛席。

除了發現下述6種新元素外，戴維還有很多其他的學術成就。例如戴維鑑於當時的煤礦坑經常發生爆炸意外，便發明了一種安全不易引發爆炸的照明燈。戴維是繼牛頓之後第二位從平民晉升貴族的人，後來也當上皇家學會的會長。

偉大貢獻

在義大利化學家伏打（p.70）在1800年用鋅和銅發明伏打電池後，戴維串聯了多個伏打電池進行了電解實驗。最初他是想電解溶於水溶液中的氫氧化鉀和氫氧化鈉，結果卻發現只有水被電解成了氫和氧。於是他改把氯化鉀和氯化鈉粉末高溫加熱到熔融狀態後再次電解，終於在1807年成功分離出微粒狀態的鉀和鈉。在戴維第一次做氫氧化鉀的電解實驗，看到電極部分形成閃亮的金屬鉀微粒時，據說戴維開心得忍不住在實驗室內跳上跳下。

隨後他又在1808年用相同的方法分離出鎂、鈣、鍶、鋇，一個人就發現了6種新元素。除此之外他電解了硼酸分離出硼。

戴維對「酸」的主張

1809年，戴維對「酸」提出了一個重要的概念。當時認為所謂的酸就是像硫酸或碳酸一樣物質中含有水（H_2O）的東西，而酸性來自於其中的氧原子（O）。因此拉瓦節在命名時才把氧氣取名為oxygen。但戴維注意到鹽酸不含水也不含氧卻同樣是酸性，因此主張酸的本質應該是氫而不是氧。

戴維的煤礦坑用安全燈

過去在煤礦坑內由於大多使用煤油燈，因此提燈內的火花經常引發爆炸意

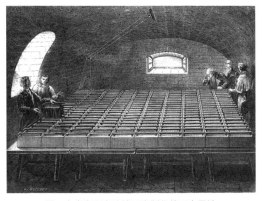

圖1 在皇家研究院地下室製作的巨大電池

外，讓許多人喪生。有人委託戴維製造一種不會引起爆炸的安全提燈。於是戴維就發明了出了如圖2所示，用細金屬網包住燈體的提燈。戴維的想法是這樣的：火焰基於其性質無法通過很細的網眼，而且金屬網具有散熱的效果，所以煤氣的主成分甲烷也不會到達爆炸溫度。

多虧這項發明，煤礦坑內再也沒有發生爆炸意外，使英國的煤礦工業日益興盛。

儘管有人曾建議戴維為這項發明申請專利，但他卻為了讓所有人都能自由使用此技術而拒絕申請專利。

據說煤礦主們為了感謝戴維，送了他一套銀色的碟子。為了紀念此事，皇家學會設立了一個名叫**戴維獎**的獎項，每年都會頒發此獎表揚在化學領域有卓越貢獻的人。首屆戴維獎的得獎者是德國的本生（1811-1899年）和基爾霍夫（1824-1887年）。這兩位乃是發現了惰性氣體的拉姆齊的老師。

1819年，戴維因為發明了**安全燈**而被授予比牛頓更高的爵位。

在法拉第陪伴下度蜜月

1812年4月8日，戴維成為繼牛頓之後第二位被授予貴族爵位的科學家。3天後，戴維便娶了同為貴族的富有寡婦雅比斯（Jane Apreece）夫人。

成婚1年半後，戴維在**皇家研究院**雇用了當時22歲的麥可・法拉第（參照第6章電化學部分）當隨從，與妻子在歐洲大陸展開了為期超過1年的旅行。儘管英法兩國當時正在交戰，但戴維卻在巴黎受到熱烈歡迎，並在義大利的米蘭會見了伏打，然後在佛羅倫斯進行了用透鏡聚集陽光燃燒**鑽石**的實驗。

外溢效應

戴維在皇家研究院的公開講座的內容十分精彩，在當時的倫敦市民之間讚譽有加。當時21歲的麥可・法拉第還在書本裝訂店工作，一次有機會去聽了戴維的演講，因緣際會成為戴維的助手。法拉第還記錄了當時的演講內容。戴維一生留下了許多研究成果，但有人說他最大的偉業就是發掘了法拉第。

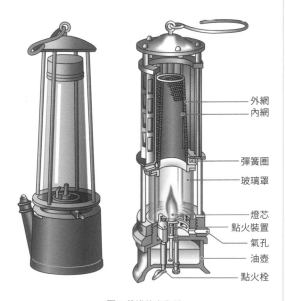

外網
內網

彈簧圈
玻璃罩

燈芯
點火裝置
氣孔
油壺
點火栓

圖2 戴維的安全燈

皇家研究院（1840年時）

因戴維而出名的公開講座活動，在後繼者麥可·法拉第的主持下變得更加熱烈。法拉第在**皇家研究院**每年固定舉辦的聖誕節演講，如今被全世界所效仿。

2015年時，從劍橋大學遠道而來的彼得·沃瑟斯教授，在東京理科大學葛飾校區的圖書館大廳為日本高中生舉辦了聖誕節演講。當時的主題就是鑽石燃燒實驗。筆者（藤嶋）也擔任了實驗助手，為照片中鑽石熊熊燃燒的景象大為驚嘆。

在東京理科大學聖誕節講座上進行的鑽石燃燒實驗
（右邊是劍橋大學的彼得·沃瑟斯，左邊是藤嶋）

創造歷史的科學家名言⑤

靠自己發光的蠟燭，比任何珠寶都更美麗動人。

—— 麥可·法拉第（1791-1867年）

鍊金術

所謂的**鍊金術**，是所有試圖將鐵、銅、鉛、鋅等卑金屬（在空氣中加熱後容易氧化的金屬）變成貴金屬（金、銀、鉑等在空氣中不會氧化，也幾乎不跟其他物質起化學反應的金屬），或是製造長生不老藥或萬靈藥的技術總稱。在中國叫做鍊丹術。

鍊金術的起源最早可追溯至古埃及和古希臘。1828年在埃及底比斯發現的「萊頓紙莎草」和「斯德哥爾摩紙莎草」這兩個據說出自西元3世紀前後的古書上，便記錄了混合碳酸鋅來增殖黃金，以及用水銀和金汞齊進行電鍍的方法。這些都是古時候關於鍊金術的紀錄。

鍊金術一方面具有實驗和科學的一面，另一方面又包含了製作長生不老藥和萬靈藥的祕術等具有神祕和魔術的一面，在漫長的歷史上不斷發展。

然後到了12世紀前後，鍊金術開始努力尋找一種被稱為「賢者（哲學家）之石」，據信可將卑金屬轉換成貴金屬，還能治癒所有疾病，使人長生不老的物質。也就是英國作家J.K.羅琳的《哈利波特—神祕的魔法石》這本小說中登場的「魔法石」。「賢者之石」可說是鍊金術最終極的目標。

到了文藝復興時期（14-16世紀），鍊金術研究更加興盛，為社會帶來各種波瀾。

然而到了17世紀，對鍊金術和科學都有研究，被稱為「最後一位鍊金術師」的艾薩克・牛頓和羅伯特・波以耳等人建立起近代科學的基石。而在近代科學興起後，鍊金術開始迅速衰退。

很多繪畫描述了當時煉金術的樣貌，其中一例便是老彼得・布勒哲爾的作品，這幅畫描繪了16世紀鍊金術師生活景象。

老彼得・布勒哲爾 作『鍊金術師』

4

元素週期…

畫中描繪了2名正忙於工作的助手、在櫥櫃裡翻找食物的小孩，以及屋外修女安慰為生活所苦的鍊金術師妻子們的景色。這幅作品跟大眾對鍊金術師的華貴印象相反，顯示了許多鍊金術師因為埋頭於空虛的學問而陷於貧困。

但另一方面，古代鍊金術不斷嘗試的過程中發明和發現的成果卻也被現代科學所繼承。例如硫酸、硝酸、鹽酸、王水等各種酸類，以及蒸餾器（酒精蒸餾）、瓷器、火藥等發明。

另外，對於「物體燃燒」這種現象的研究，也是在經由亞里斯多德的4元素說（空氣、土、火、水），到帕拉塞爾蘇斯從中世紀阿拉伯鍊金術師建立的理論發展出來的3原質（水銀、硫磺、鹽）說，以及17世紀後半燃素說的提出，再到18世紀後半拉瓦節推翻燃素說，才確立了現代的燃燒理論。

拉姆齊

威廉・拉姆齊（1852-1916年）／英國

英國化學家。就讀格拉斯哥大學，後留學德國，在圖賓根大學跟隨化學家菲帝希學習有機化學。1880年被布里斯托大學任命為化學教授，1887年轉任倫敦大學化學教授。發現了惰性氣體並揭露了第0族元素的存在。此外還從事放射能的研究，提出了放射性元素的衰變理論。1904年獲頒諾貝爾化學獎。

劍橋大學的**瑞利男爵**在1892年於《自然》期刊上發表了一項發現，那就是從空氣中分離出來的氮密度，比從氨氣分離出來的氮密度要更高一些。後來拉姆齊跟瑞利男爵共同研究此現象的成因，他去除了空氣中的氧氣，然後利用氣體的放電現象測量光譜，結果發現了一種新元素。兩人還發現這種新元素用一般方法幾乎不跟其他化合物起化學反應，是一種非常沒有活性的物質。

瑞利男爵和拉姆齊用希臘語的「懶惰」替這個新元素取名為氬（argon）。氬氣剛發現時無法放進元素週期表的任何一個位置，因此暫時被塞在氯和鉀的中間。

從氬在週期表上無家可歸這點，拉姆齊推斷應該還有其他類似性質的元素存在，於是取得了大量的液態空氣，然後徐徐提高溫度分別進行蒸餾。然後他對殘留的少量液態汽化而成的氣體進行**光譜分析**。就這樣，他發現了**氪氣**，還連帶發現了**氖氣和氙氣**。這三種元素的化學性質都非常穩定，極難產生化學反應，所以被稱為「惰性氣體」。拉姆齊把惰性氣體排在元素週期表上的一個全新區塊。後頁的電子組態圖（p.57）解釋了為什麼這幾種元素會如此不活躍。在發現惰性氣體前，拉姆齊還在1895年首次分離出**氦氣**。後來拉姆齊在1904年拿到諾貝爾化學獎，而瑞利男爵

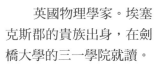

瑞利男爵（約翰・威廉・斯特拉特）

（1842–1919年）

英國物理學家。埃塞克斯郡的貴族出身，在劍橋大學的三一學院就讀。

因1871年研究微小粒子對光的散射造成的**瑞利散射**而聞名。瑞利散射解釋了為什麼天空是藍色的。

也在同一年拿到諾貝爾物理學獎。

瑞利男爵在1879年接任馬克士威成為**卡文迪許實驗室**的第二任主任。他在5年後退休，並繼續在自家的實驗室從事研究。在卡文迪許實驗室任職期間，瑞利男爵發現了從空氣中分離出來的氮氣密度比從氨氣分離出來的更大。於是他將這項發現投稿至自然期刊，尋求有無其他科學家能解答背後的原因。

拉姆齊也同樣注意到了這件事，於是兩人合作展開研究。瑞利男爵從物理學的角度分析，認為這可能是因為從空氣分離出的氮氣含有某種未知的氣體。

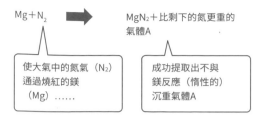

氩氣發現實驗

Mg+N₂ → MgN₂＋比剩下的氮更重的氣體A

使大氣中的氮氣（N₂）通過燒紅的鎂（Mg）……

成功提取出不與鎂反應（惰性的）沉重氣體A

沉重氣體A →
- 元素光譜跟氮不同（發現新元素）
- 命名為氬
- 氬（Ar）的活性很低，密度約為氮的1.5倍
- 確認為單原子分子的元素

間接幫助拉姆齊發現氬氣的光譜學老師——本生

本生燈是國高中的理化實驗室中必備的實驗器材。這是一種有著無色氣體火炎，且火焰強度可以自由控制的加熱器具。而本生燈的發明者，便是羅伯特·威廉·本生。

羅伯特·本生

1811年生。畢業於哥廷根大學。歷任卡塞爾、馬爾堡大學的教授後，於1852年成為海德堡大學教授。

跟因發現電路的**基爾霍夫定律**而聞名的基爾霍夫是海德堡大學的同僚，2人合力研發了光譜分析裝置，並用本生製作的加熱器研究了各種氯化物的**焰色反應**。

本生也是拉姆齊大學畢業後的第一位指導教授。

他在1860年發現了銫元素，並在1861年發現銣元素。

多虧本生設計的光譜分析裝置，英國物理學家克魯克斯得以在1861年發現鉈元素，德國化學家斐迪南·賴希和特奧多爾·里赫特在1863年發現銦元素。

本生和基爾霍夫的光譜分析器

各種惰性氣體

氦（熔點－272℃，沸點－269℃）

氣球常用的氦氣是惰性氣體中最輕的元素。要將氦變成液體需－269℃的低溫。液態氦被用於維持超導態，譬如磁軌列車和醫療用的MRI裝置。

氦氣的發現是在1868年，據說是英國天文學家洛克耶在觀測日食時在太陽光譜中發現的。氦（Helium）的名字源自希臘神話的太陽神赫利奧斯。氦是太陽內部的氫原子核融合反應產生的元素。地球上的拉姆齊是1895年在釔鈾礦中發現了氦，而現代大多是從地下的天然氣中採集。因此有人認為氦元素的實際發現者應該是拉姆齊。另外，這位洛克耶正是《自然》科學期刊的創辦者。自然期刊是在1869年，也就是洛克耶發現氦的隔年創辦的。

氦
（熔點－272℃，沸點－269℃）

要使氦變成液體，需要－268.95℃（4.2K）的低溫，若繼續降溫到－270.98℃（2.17K），氦會變成超流體狀態。

超流體可以通過普通液體無法通過的狹窄通道，甚至沿著燒杯的杯壁往上爬。

氬
（熔點－189℃，沸點－186℃）

大氣中僅次於氮氣、氧氣第三多的氣體。氬（argon）源自希臘語的「懶惰（argostrofos）」。氬因不易傳導熱量而被用於製造隔熱窗和潛水服。另外，氬氣也被當成焊接金屬時用來防止金屬接觸到空氣氧化的保護氣體。絕不是什麼「懶惰不做事」的元素。

在第2章介紹過的特立獨行的科學家卡文迪許，也早在1785年時便於實驗筆記中提到空氣中除了氧氣、氮氣之外還含有1％左右的某種沉重氣體。著實令人驚訝。

氖
（熔點－249℃，沸點－246℃）

地球大氣的0.001%是氖氣。氖元素原本存在於地球誕生時的岩石中，後來才隨著火山爆發被釋放到大氣。我們生活中的霓虹燈就是將氖氣裝入玻璃燈管製成的。

1913年，英國物理學家J.J.湯姆森在分析氖原子的質量後發現了氖還有Ne20和Ne22兩種穩定同位素，並表示這兩者都是沒有放射性的同位素。

氪
（熔點－157℃，沸點－152℃）

名字源自希臘語的「隱藏」。不存在於礦物中，只微量存在於大氣中。由於氪氣放電時會發出白光，故被用於製造閃光燈。

氪跟氟反應而成的氟化氪則被用於雷射。

氙
（熔點－112℃，沸點－108℃）

氙氣被用於製造氙氣燈，可發出可見光範圍內的強光。在光化學研究中跟水銀燈一樣是常用的器材。氙氣燈的強光也被用於殺菌。此外氙氣即使吸入也對人體無害，故也被用於麻醉。

另外氙也是太空船的推進劑。在電場中高速噴出加熱的氙離子，利用其反作用力產生推進力。「隼鳥號」的發動機就是用此原理運作。

氡
（熔點－71℃，沸點－61.8℃）

天然存在的惰性氣體，是一種放射性元素。存在於火山溫泉噴出的氣體中。半衰期只有3.8天。被用於檢測地震。

例如在阪神大地震發生前，地下水中氡元素濃度便曾上升。

惰性氣體的電子數数

原子序	元素名	電子數					
		K層	L層	M層	N層	O層	P層
2	氦	2					
10	氖	2	8				
18	氬	2	8	8			
36	氪	2	8	18	8		
54	氙	2	8	18	18	8	
86	氡	2	8	18	32	18	8

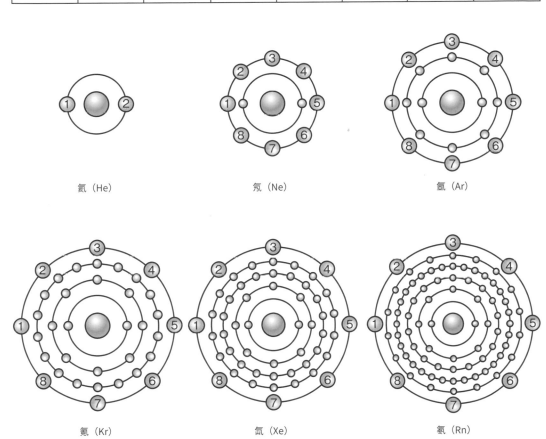

氦（He） 氖（Ne） 氬（Ar）

氪（Kr） 氙（Xe） 氡（Rn）

5 物理化學領域的
開山三人組

凡特荷夫
(1852-1911年)

滲透壓和立體化學的成就

奧士華
(1853-1932年)

發現稀釋定律

阿瑞尼斯
(1859-1927年)

電離理論和化學反應速率方程式

這三位科學家儘管各自出生在不同國家，卻攜手合作，在年輕時研究對物理化學十分重要的電解質溶液並留下豐碩的成果，被譽為物理化學領域的開山祖。他們在壯年後也繼續活躍於研究領域，並都拿到了諾貝爾化學獎。

出生在瑞典的阿瑞尼斯，25歲時在烏普薩斯大學提交了一篇以電化學為主題的博士論文。這篇論文的內容是用實驗展示食鹽溶於水會形成鈉離子，且證明食鹽水溶液的導電性正是來自於鈉離子，同時在理論上分析了其中的原理。可惜審查的教授無法理解這篇論文，使得這篇論文被擱置了一段時間。

就是在這時，阿瑞尼斯寫了一封給當時31歲的荷蘭化學家凡特荷夫和30歲的拉脫維亞物理學家奧士華。這便是離子主義3人組的起點。

這三人發現，分別把砂糖和氯化鈉溶於水做成水溶液，由於氯化鈉水溶液中的鈉陽離子和氯陰離子會分別往正極和陰極移動，因此導電性相當於2倍濃度的糖水溶液。現在我們習以為常的電解質等水溶液現象，當初可是費了一番很大的工夫才得到人們的認同。

後頁將透過插圖細說凡特荷夫、奧士華、以及阿瑞尼斯這三人在年輕時的交流情況。在諾貝爾獎成立後，這三位也都分別且幾乎是接連拿到諾貝爾化學獎。

這三名年輕學者分別住在不同國家，卻能在距今140年前的歐洲互相取得聯繫，甚至時而不遠千里造訪彼此，一同進行研究，著實令人感佩。

學術期刊《Zeitschrift für Physikalische Chemie》（物理化學雜誌）就是由這三人創辦的。這部學術期刊也以其專業程度之高而知名。

離子主義者三人組年輕時的交流圖

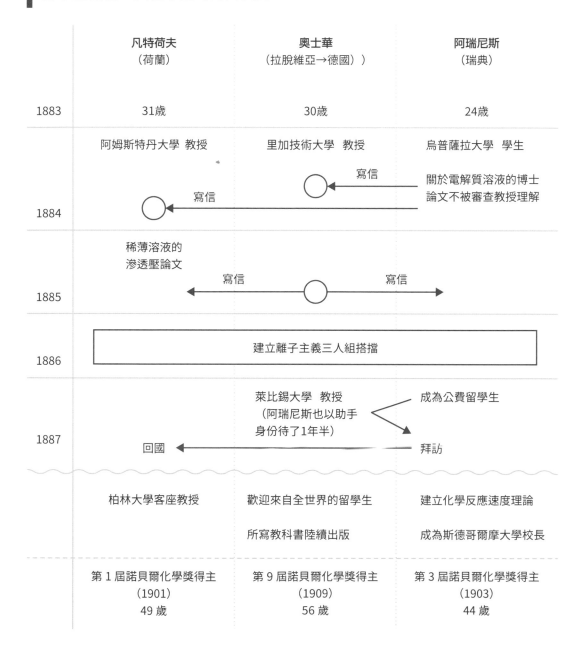

	凡特荷夫 （荷蘭）	奧士華 （拉脫維亞→德國））	阿瑞尼斯 （瑞典）
1883	31歲	30歲	24歲
	阿姆斯特丹大學 教授	里加技術大學 教授	烏普薩拉大學 學生
1884			關於電解質溶液的博士 論文不被審查教授理解
1885	稀薄溶液的 滲透壓論文		
1886	建立離子主義三人組搭擋		
1887		萊比錫大學 教授 （阿瑞尼斯也以助手 身份待了1年半） 回國	成為公費留學生 拜訪
	柏林大學客座教授	歡迎來自全世界的留學生 所寫教科書陸續出版	建立化學反應速度理論 成為斯德哥爾摩大學校長
	第1屆諾貝爾化學獎得主 （1901） 49歲	第9屆諾貝爾化學獎得主 （1909） 56歲	第3屆諾貝爾化學獎得主 （1903） 44歲

創造歷史的科學家名言⑥

專注於那些不會被你的身體不便限制的事，並別為受其所限的部分感到遺憾。

—— 史蒂芬‧霍金（1942–2018年）

凡特荷夫

雅各布斯・亨里克斯・凡特荷夫（1852－1911年）／荷蘭

荷蘭物理化學家、有機化學家。生於荷蘭鹿特丹，父親是一位醫師。在萊頓大學學完化學後，又進入波恩大學跟隨凱庫勒學習，並在烏特勒支大學拿到博士學位。1876年開始在獸醫學院任教，1877年成為阿姆斯特丹大學的講師，1年後升任教授，並在那裡任教了18年。之後又成為柏林大學教授。曾出版過教科書《化學動力學研究》。書中展示了化學平衡和溫度的關係，儘管在歐洲受到許多批評，卻引起了阿瑞尼斯的注意。

在有機化學方面建立了碳的正四面體構型假說，建立了立體化學的基礎。在物理化學領域則對滲透壓和化學平衡的研究有很大貢獻，被視為物理化學的開拓者。1901年獲得第1屆諾貝爾化學獎。

稀薄溶液的論文

凡特荷夫最大的成就之一就是稀薄溶液的研究。他用豬的膀胱膜做了滲透壓的實驗來研究稀薄溶液的性質，認為稀薄溶液就跟氣體一樣適用於波以耳 - 查理定律。

此假說用在蔗糖溶液時非常成功，但改用氯化鈉（NaCl）時滲透壓卻是同濃度蔗糖溶液的2倍，硫化鈉（Na_2SO_4）更是3倍。因此凡特荷夫在做了很多檢討後，得出了氯化鈉和硫化鈉會在溶液中解離，因此實際的微粒濃度會變成2倍（氯化鈉）和3倍（硫化鈉）的結論。

通常，當溶劑和溶液隔著溶劑分子可通過但溶質分子無法通過的半透膜接觸時，只有溶劑會通過半透膜在溶液中擴散，這種現象叫做滲透（osmosis），而溶液抵抗溶劑滲透過來的壓力就叫做滲透壓（osmotic pressure）。

而凡特荷夫針對稀薄溶液提出了

$$\Pi V = nRT$$

（Π：溶液的滲透壓，V：溶液體積，n：溶質的物質量，R：氣體常數，T：絕對溫度）的關係式（凡特荷夫定律〈van't Hoff's law〉）。

立體化學的創立者

雖然凡特荷夫在物理化學領域有重要的貢獻，但他最初做的其實是有機化合物的立體化學相關研究，而且在25歲前就取得了成果。他用荷蘭語自費出版了一本題名為「空間化學（*La chimie dans l'espace*）」的小書。後來此書被翻譯成法語和德語。

碳原子跟其他原子結合時必定會共享4個電子（共價鍵）。而凡特荷夫認為碳化合物的共價鍵不是以平面方式結合，而是一種立體結構，提出了碳原子的正四面體構型假說。

圖1的乳酸分子就是此假說的一例。凡特荷夫認為碳的4個結合對象分別位於正四面體的4個頂點，而碳原子位於正四面體的中心。這兩個同分異構物的物理性質是一樣的。

此外，碳－碳之間的雙鍵則分為順式（cis）和反式（trans）兩種，例如圖2的馬來酸和延胡索酸，這兩種化合物的性質

就不相同。

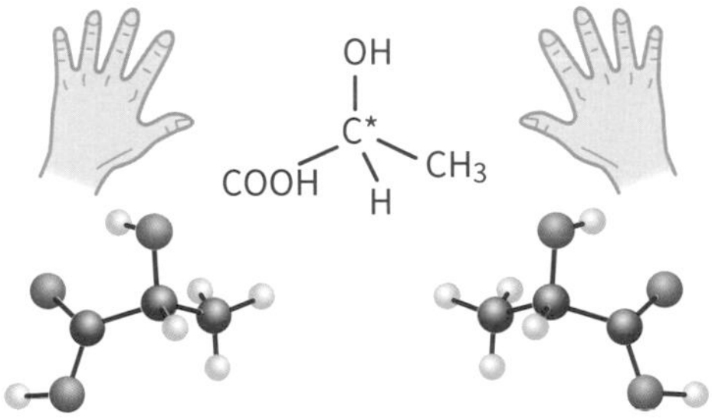

圖1 乳酸的對映異構物（對掌異構物）

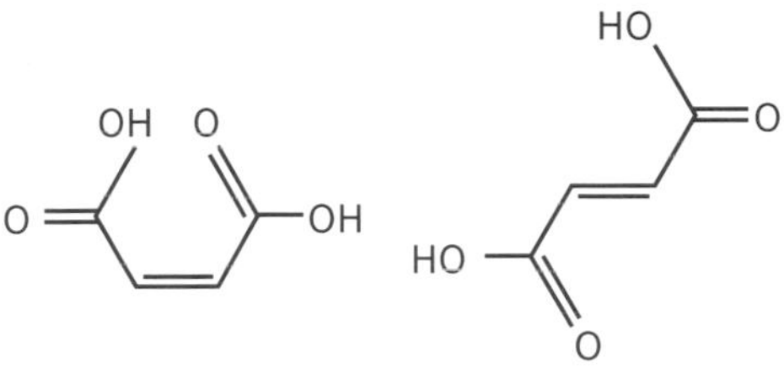

(a)　　　　　　(b)

圖2 (a)馬來酸和(b) 延胡索酸

奧士華

弗里德里希・威廉・奧士華[註]（1853 － 1932 年）／拉脫維亞→德國

奧士華的父親是德國移民，出生在俄羅斯帝國轄下拉脫維亞的里加，就讀於俄羅斯帝國時期的多帕特大學，並於1878年取得博士學位。1881年奧士華成為里加技術大學的教授，又在1887年成為德國萊比錫大學教授。他在化學平衡、反應速度理論、觸媒等各種化學領域都有活躍的表現，留下許多偉大成就，更對物理化學在化學領域的地位有很大貢獻。他注意到了熱力學的凡特荷夫化學平衡理論和反應理論。另外他也十分關注阿瑞尼斯對於溶質在溶於溶劑時一部分的分子會產生活性，使稀釋溶液可以導電的假說。奧士華因此與兩人結交認識，幫助他們的研究得到世人認同。他在1909年時因發現稀釋定律，以及對反應速度和化學平衡的研究而獲頒諾貝爾化學獎。

（註）另一常見譯名為「奧斯特瓦爾德」。

物理化學研究的中心

奧士華在1887年成為萊比錫大學新開設的物理化學課程教授，並雇用了在後來電化學領域相當知名的能斯特當助手。奧士華不只在歐洲和美國，還收了許多來自日本的留學生，促進了全球物理化學家培育機構的發展。

鮮味調味劑「味素」的發明者池田菊苗也是奧士華的學生之一。

奧士華的稀釋定律

奧士華應用阿瑞尼斯的電離假說，推導出了溶液中電解質電離平衡的關係式。當弱電解質MA解離成2個離子時：

$$MA \rightleftarrows M^+ + A^-$$

若溶液的稀釋度為V，電離度為α，則：

$$\frac{\alpha^2}{(1-\alpha)}V = K$$

K是電離常數（溫度、壓力不變時）。

用奧士華法製造硝酸（HNO_3）

硝酸是一種具揮發性的強酸，可跟各種金屬反應形成鹽。因為硝酸有氧化力，所以不能融於鹽酸和稀硫酸的銅、水銀、銀等金屬都可被硝酸融解。

硝酸在各種產業被廣泛當成含氮化學藥劑、肥料、以及火藥的原料，在工業上，通常使用一種俗稱奧士華法的方法來製造硝酸。奧士華法首先會將氨混合大量空氣，然後用鉑當催化劑，加熱到約800℃使之發生反應，氧化產生一氧化氮。接著再讓一氧化氮在空氣中氧化取得二氧化氮，使二氧化氮被水吸收就能獲得硝酸。

發明味素的池田菊苗是留學生

　　萊比錫大學的奧士華實驗室，在當時吸引了全世界許多留學生。因為奧士華實驗室的實驗設備被譽為世界第一，奧士華教授本身也因為發明了製造硝酸的方法，在化學工業領域留下巨大成就。

　　池田菊苗生於京都，1889年（明治22年）從東京帝國大學理科大學化學系畢業，並在拿到碩士和高等師範學校的學位後成為東京帝國大學的助理教授。但後來他被命令以公費留學生的身份在1899年（明治32年）到1901年（明治34年）期間到奧士華教授底下研究催化作用和酵素。

　　當時，德國在物理和化學方面不論是基礎領域還是應用層面都是世界第一，讓池田累積了不少良好的學術經驗。

　　在回國途中，池田還繞道前往倫敦，在熟識已久的夏目漱石的廉價租屋借住了50天。

　　回國後他開始研究昆布的鮮味，成功從大量昆布中提煉出麩胺酸鈉的結晶。隨後在鈴木三郎助的幫助下開發出了「味素」這項商品，並創辦公司。這個故事在日本十分有名。

沃爾夫岡・奧士華
（1883–1943年）

　　威廉・奧士華的長子，一位知名的膠體化學家。他在萊比錫大學學習生物學，後來轉攻膠體化學，創辦了研究論文期刊，還撰寫過教科書。沃爾夫岡跟他的父親一樣積極接收留學生，曾收過包含津田榮和櫻田一郎在內的15位日本留學生。

池田菊苗

阿瑞尼斯

斯萬特・奧古斯特・阿瑞尼斯（1859－1927年）／瑞典

就讀於瑞典的烏普薩斯大學，在25歲時提出了「電離假說」當博士論文。然而審查教授卻沒能完全理解他的論文內容。

直到一段時間後，人們才理解食鹽融於水會形成鈉離子和氯離子而變成導體。在理論得到認同後，阿瑞尼斯逐漸成為物理化學界重量級人物。在化學反應速率的問題上，阿瑞尼斯建立了描述溫度和反應速度之關係的理論式，並提出了活化能的概念。他在1903年拿到了諾貝爾化學獎。

偉大貢獻

阿瑞尼斯是第一位提出理論解釋為什麼糖水不導電，**食鹽水**卻可以導電的化學家。

阿瑞尼斯認為食鹽，也就是氯化鈉在融於水時，會分離成鈉離子和氯離子，建立了**電離假說**。雖然麥可 法拉第更早之前就提出了陰離子和陽離子的概念，但阿瑞尼斯的理論卻詳細說明了溶液濃度跟**導電度**的關係，建立了**電解質溶液**的理論基礎。

阿瑞尼斯對酸鹼的定義

1884年，阿瑞尼斯對酸（acid）和鹼（base）的定義如下。

酸：在水溶液中會放出質子（H^+），生成鉲鹽（H_3O^+）的物質。

鹼：在水溶液中會生成**氫氧根**（OH^-）的物質。

例如氯化氫（HCl）在水溶液中的反應是：

$$HCl + H_2C \rightleftarrows Ol^- + H_3O^+$$

因為會生成 H_3O^+，所以屬於酸。而氫氧化鈉（NaOH）和氨（NH_3）則是：

$$NaOH \rightleftarrows Na^+ + OH^-$$

$$NH_3 + H_2O \rightleftarrows NH_4^+ + OH^-$$

因為會釋放 OH^-，所以被定義為鹼。

此外阿瑞尼斯在**化學反應速率**方面也有巨大貢獻。阿瑞尼斯的化學反應速率理論，特別是活化能的概念和阿瑞尼斯方程式如今廣為人知。

大多數的化學反應速率都會隨著溫度提高而加快。1889年，阿瑞尼斯提議在當時的理論式中加入一個最重要的因子，也就是**速率常數** k：

$$k = A\, exp \frac{-E}{RT} \quad \cdots\cdots (1)$$

這裡的 A 是一種名為指前因子的常數，E 是活化能，R 是氣體常數（8.3143JKmol^{-1}）），T 是反應溫度。

外溢效應

如圖1的反應座標所示，**化學反應速率中活化能E的大小非常重要**。化學反應在進行時一定要翻過這個山形，而催化劑可以加快反應速度。

對上式（1）的兩邊取對數，可以得到以下式子。

$$log\, k = log\, A \left(\frac{E}{2.303R} \right) \left(\frac{1}{T} \right)$$

以反應溫度[K]的倒數為橫軸，以**速率常數** k 的對數為縱軸，把觀測點畫成圖，則兩者的關係會是一條直線。這就是阿瑞尼斯方程式。

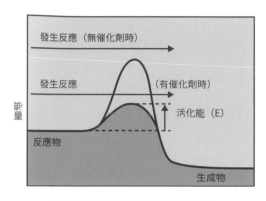

圖 1 用反應座標來表示化學反應的速率

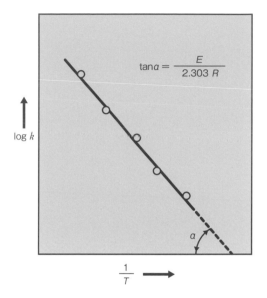

$$\tan\alpha = \frac{E}{2.303\ R}$$

圖 2 速率常數的阿瑞尼斯方程式

小故事

　　阿瑞尼斯是一個多才多藝的人。現在全世界都面臨全球暖化的難題，而暖化的原因是大氣中的二氧化碳濃度增加。阿瑞尼斯早在近100年前就指出了這個問題。

　　另外，阿瑞尼斯晚年也相當關心天文學，並出版過討論外星有無生命存在，以及地球起源等問題的《宇宙物理學教科書》和《宇宙的形成（Das Werden der Welten）》等書。

　　後者的日本版譯者為1910年曾造訪過阿瑞尼斯當時所在之諾貝爾物理學研究所的寺田寅彥，由岩波文庫出版。

　　本書用文學式的寫法，從科學的角度講解了人類對宇宙創造、生成、演化、滅亡的觀念，是如何在各個不同原始民族之間產生、發展，並經歷各種波折，演變成今日的模樣。是一本始於北歐神話、印度傳說、日本物語等詩文，終於近代天文學宇宙論的科學史。

《從歷史角度看科學宇宙論的變遷》（日譯，《史的に見たる科学的宇宙観の変遷》）阿瑞尼斯 著，寺田寅彥 譯，岩波文庫出版，1951 年

6 電化學

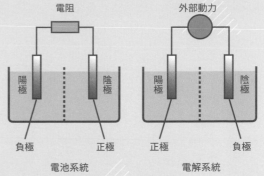

電化學的基本結構圖

在化學的學術領域中，與電有關的部分稱為電化學。如分子和離子的化學變化跟電能之間的關係、化學能跟電能的互相轉換，以及研究它們在工業方面的應用等等，都屬於電化學的範圍。

電化學研究對象最基本的系統，就是如上圖由2種金屬的電子導體跟電解質溶液這種快離子導體直接連接而成的迴路所形成的系統。當迴路封閉時可自然發生反應當成電池使用的系統，就叫電池系統。另一方面，必須要從外部給予電能才能產生化學反應的系統則叫電解系統。

最早誕生的電池是由義大利物理學家伏打用鋅和銅當電極製作的電池。而電解的代表例子則是從外部施加2V左右的電壓，將水分解成氫和氧。伏打在公開了自己設計的電池後，英國的尼科爾森（William Nicholson）便馬上對水進行了電解。

英國的**法拉第**也跟著發現回路上的電量跟反應可生成的化合物量依循一定的規律。

德國的**能斯特**則建立了各種電化學反應發生時的電位和熱化學數值之間的關係式，並做了理論性的描述。

我們的身邊有很多電化學相關的產品。譬如大大小小的電池，開始投入應用且效率出色的大型燃料電池。此外氫氧化鈉和氯等重要化學原料也都是電解的產物。金屬的鋁是用電解製造，高純度的銅也是用電化學方法來去除雜質。各種金屬中最重要的鐵很容易生鏽，而電化學則研究出防止鐵生鏽的方法。

還有能研究各種物質性質的感測器，其原理大多也跟電化學有關。

伏打

亞歷山卓・伏打（1745－1827年）／義大利

生於富裕的家庭，後成為帕維亞大學物理教授。當時義大利博洛尼亞大學的解剖學家路易吉・伽伐尼在研究青蛙的肌肉運動時，將青蛙腿放在鐵盤上，用黃銅棒壓住青蛙腿，偶然發現青蛙腿跳了一下，由此推論是青蛙的肌肉帶有電力。而伏打在研究了伽伐尼的「動物電」理論後，認為這個電力的源頭應該是金屬，便用吸滿食鹽水的布包住2種不同的金屬，發現金屬果然產生了電流。1800年，他依循相同的思路，發明了用銅和鋅產生電的「伏打電池（電堆）」。

偉大貢獻

伏打電池的發明很快就在歐洲各地傳開，連當時成為法國皇帝的拿破崙也產生了興趣。1801年，伏打受邀至巴黎，在拿破崙面前示範用伏打電池做實驗，據說拿破崙看了非常開心。現在電壓的單位「伏特（V）」就是源自伏打的名字。

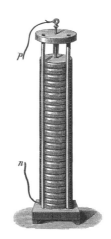

圖1 伏打電池（電堆）

外溢效應

在伏打公布了電池設計後，伏打電池很快就以歐洲為中心傳播至世界各地，並被漢弗里・戴維用於電解實驗，促成了鈉（Na）、鉀（K）、鈣（Ca）、鎂（Mg）、鍶（Sr）等元素的發現。1831年麥可・法拉第的電磁感應實驗也是使用伏打電池。

之後，電池逐漸成為人類文明不可缺少的物品，並發展出錳乾電池、鋰充電電池等產品，應用於現代生活的方方面面。

伏打82歲時在義大利北方的出生之地科莫去世，現在那裡仍有一座伏打紀念館，每年都有許多人造訪。

在拿破崙・波拿巴面前表演電堆使用方法的伏打。

伏打紀念館

伏打以伽伐尼的青蛙實驗為靈感發明電池

義大利解剖學家**路易吉・伽伐尼**，是一位研究動物、特別是青蛙神經反應的學者。有一次他在實驗時，用銅棒撐住死去青蛙的腰神經，讓鐵絲的兩端分別接觸肌肉和銅棒，發現青蛙的大腿突然收縮了一下。

伽伐尼強烈相信是**生物電**導致死去的青蛙肌肉顫動，並把這份論文的副本寄給義大利帕維亞大學的物理學家伏打。伏打重複了伽伐尼的實驗，並多測試了幾種不同金屬組合，最後終於搞清楚是兩種不同的金屬形成了正極和負極，生物的肌肉只是單純對電流產生反應，扮演濕導體的角色而已。由於伽伐尼是生物學家，而伏打是物理學家，兩人關注的焦點不同，才產生了不同的結論。

最後科學家們確認了伏打的理論才是正確的，伏打也發明出了可產生穩定電流的伏打電池。除此上述實驗之外，伏打還測量鋅（Zn）、鐵（Fe）、錫（Sn）、鉛（Pb）、銅（Cu）、銀（Ag）、鉑（Pt）、金（Au）任兩種組合的電動勢。

就這樣，伏打在1800年將鋅和銅泡在電解質溶液，發明了電池。這種電池現在有時也叫伽伐尼電池。

伽伐尼的名字也是galvanizing（替銅板鍍鋅）、Galvanic corrosion（兩種不同金屬接觸時的金屬腐蝕現象）等詞彙的語源，今天依然被廣泛使用。

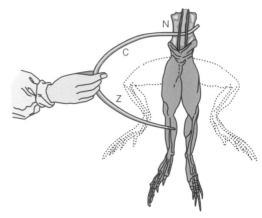

圖2 伽伐尼的實驗（1790年）。他用銅製的支棒（N）通過青蛙的脊椎和神經，然後讓鐵絲的一端（C）夾在銅棒下，另一端接觸青蛙的腿，結果青蛙的腿動了一下。

路易吉・伽伐尼

（1737-1798年）義大利出生於博洛尼亞，跟父親一樣是醫生。後成為博洛尼亞大學的解剖學教授，並最終升上校長。身為義大利和電化學領域的研究者，伽伐尼就跟伏打一樣受人尊敬，伽伐尼電池、伽伐尼電勢、檢流計（galvanometer）等名詞都源自他的姓氏。

筆者（藤嶋）也在2011年時有幸拿到義大利化學學會的**伽伐尼獎章**。

筆者拿到的伽伐尼獎章

伽伐尼獎章

　　義大利化學學會頒給在電化學領域有卓越貢獻的外國化學家的獎項，成立於1986年。

年份	得獎者
1986年	Roger Parsons（英國）
1988年	Heinz Gerischer（德國）
1991年	Brian Evans Conway（加拿大）
1992年	艾倫·J·巴德（美國）
1994年	馬塞爾·普爾貝（比利時）
1997年	Jean-Michel Savéant（法國）
1998年	Colin Vincent（英國）
2000年	Dieter M. Kolb（德國）
2002年	Alejandro J. Arvi（阿根廷）
2004年	Royce W. Murray（美國）
2007年	克里斯汀·阿芒托（法國）
2009年	米夏埃爾·格雷策爾（瑞士）
2011年	藤嶋昭（日本）
2015年	Philip N. Bartlett（英國）

小故事

乾伏打電池（屋井乾電池）

　　伏打電池內的電解液必須用濕布等夾在金屬中使用，但也有人發明出完全不使用液體的乾電池。據說乾電池的發明者是一位東京物理學校（現東京理科大學）的工程師。現在東京理科大學神樂坂校區的近代科學資料館中還有展示這種俗稱屋井電池的乾電池。

屋井乾電池

小故事

巴格達電池

1932年，德國考古學家在伊拉克的一處遺蹟中挖掘到了古代電池。這個電池依其發現地被命名為巴格達電池或 Khujut Rabu（註）電池。這個電池推測是距今2000年前左右，也就是西元前後使用的物品。下圖是該電池的構造。該電池出土時想當然耳已經沒有殘留任何電解質溶液，但據說鐵棒和周圍的筒狀銅管中間倒入葡萄酒後就會產生電動勢，繼而產生電流。推測這個電池可能是用於電鍍的工具。一想到西元前後住在阿拉伯地區的人類就已經懂得替戒指或首飾鍍銀或鍍銅，就不禁令人驚嘆。

筆者（藤嶋）是在電化學學會編輯「新電化學」一書，時才知道了巴格達電池的存在。雖然距今已經超過35年了，但筆者還記得1984年伊拉克總統海珊曾委託筆者「在紀念太陽能發電廠開幕的國際會議上進行特別演講」。儘管當時巴格達的情勢已經日益緊張，但筆者還是接受了委託。當時參加會議的非中東人士就只有研究太陽能電池的德國學者布拉斯和筆者，途中筆者獨自還跑到伊拉克國家博物館參觀了半天。向博物館的工作人員說明後，館方特地將收藏在櫃內的巴格達電池出土實物拿出來供筆者欣賞，真的非常感謝他們。

（註）地名，位於巴格達近郊。

6

電化學

伊拉克的太陽能發電設備（與德國的布萊瑟教授，伊朗的奈曼教授合影）

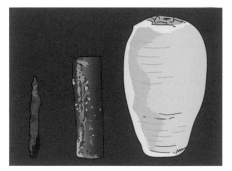

巴格達電池。左邊是鐵棒，中央是銅管

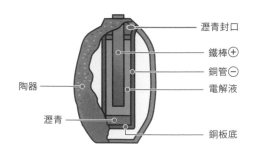

陶器
瀝青

瀝青封口
鐵棒⊕
銅管⊖
電解液
銅板底

巴格達電池的結構

伊拉克博物館前拿著巴格達電池解說手冊的筆者

法拉第

麥可・法拉第（1791－1867年）／英國

法拉第是一位鐵匠之子，是10名兄弟姐妹中的次子，出生在倫敦郊區。法拉第的家境貧苦，因此13歲時就搬到書本裝訂商的家中當學徒工作。他一邊做書本裝訂的工作，一邊趁工作的閒餘時間讀書自學。21歲時，他去看了當時風評極佳的皇家研究院的公開講座，對漢弗里・戴維的演講十分感動。於是他寄信給戴維，並成功成為戴維的助手。法拉第有很長一段時間住在狹小的閣樓，並在皇家研究院做研究直到70歲，一生留下了電解定律和電磁感應等許多成就。

年份	年齡	法拉第的經歷和業績
1791年	0歲	出生倫敦郊區紐因頓。
1795年	4歲	全家搬到倫敦。
1804年	13歲	成為里波書店的店員，從事書籍裝訂的工作。
1812年	21歲	在皇家研究院聽了戴維的講座。
1813年	22歲	成為皇家的助手。隨戴維一同在歐洲大陸旅行（－1815年）
1816年	25歲	研究石灰石的分析。
1818年	27歲	鋼的研究（－1824年）
1821年	30歲	跟莎拉・巴娜德結婚。
1823年	32歲	成功液化氯。
1824年	33歲	成為皇家學會院士。
1825年	34歲	發現苯，成為實驗室主任。
1826年	35歲	開始舉行星期五演講。
1830年	39歲	陸軍士官學校的非常任教授（－1852年）。
1831年	40歲	發現電磁感應定律。
1833年	42歲	推廣離子、陽離子、陰離子等專業用語。發現電解定律。
1837年	46歲	成為倫敦大學評議員。發現電容率、靜電感應實驗、電磁場理論。
1839年	49歲	嚴重神經衰弱。
1841年	50歲	為療養前往瑞士3個月。
1845年	54歲	發現法拉第效應。發現抗磁性。
1848年	57歲	發現磁晶各向異性。
1850年	59歲	發現氧的順磁性。
1857年	66歲	推辭了皇家學會會長一職。
1858年	67歲	從維多利亞女王受賜漢普敦的恩典之屋。
1861年	70歲	舉行「蠟燭的化學史」演講。
1864年	73歲	推辭了皇家研究院院長一職。
1867年	75歲	在漢普敦去世。

偉大貢獻

將2個電極放入電解質水溶液或溶解液，施加直流電壓，溶液中的物質、離子會跟電極反應，其中一邊的電極會發生氧化作用，另一邊的電極會發生還原作用。這個現象叫做電解。法拉第在1833年時用實驗證明了電解中變化的物質量與移動的電子數成正比。這叫做法拉第電解定律。

法拉第的另一大貢獻是在這些研究中發明並確立了以下名詞的稱呼。發生氧化反應的電極側叫做陽極，發生還原反應的電極側叫做陰極；而電解液中的離子則叫陽離子、陰離子，或單純稱為離子。此外法拉第還發現了電動機原理，以及使磁場發生變化來產生電流的電磁感應原理。假如當時有諾貝爾獎的話，法拉第的成就足以讓他拿到6次諾貝爾獎。

外溢效應

法拉第發現可用磁場產生電流的電磁感應原理具有非常大的外溢效應，這點相信所有人都會認同。

但除此之外，法拉第還有一個偉大的貢獻，那就是推動科學的普及。

法拉第積極推動由漢弗里・戴維開始的平民講座，並進一步舉辦星期五演講、聖誕節演講等活動。在70歲那年，法拉第用一根蠟燭舉行了6次退休講座，當時的演講紀錄後來整理成「蠟燭的科學史」一書，時至今日仍帶給許多人感動。

電化學中大部分的術語幾乎都是由法拉第確立的。譬如電極（electrode）、陽極（anode）、陰極（cathode）、陽離子、陰離子等等。

法拉第電解定律

①電極反應生成或溶解的物質質量，與通過電極的電量及該物質的化學當量成正比。

②1g當量的物質在生成或溶解時，通過電極的電量等於1法拉第（F）。1F等於96485C mol^{-1}，F又叫法拉第常數。

1庫倫（C）是1A的電流在1秒間通過的電量。

例如假設用10mA的電流電解水，且通電時間為50分鐘。此時可以計算氫和氧的生成量。

首先計算通電量：

$10 \times 10^{-3}A \times 50 \times 60S = 30C$

接著通電量除以法拉第常數（96485C・mol^{-1}），即可算出電解產生物質的g當量。

$$\frac{30}{36.485} = 3.1 \times 10^{-4}g當量$$

因1mol H_2 的當量重量為2g，所以 H_2 的生成量是：

$$\frac{3.1 \times 10^{-4}}{2} = 1.6 \times 10^{-4}mol$$

而1mol O_2 的當量重量為4g，所以 O_2 的生成量是：

$$\frac{3.1 \times 10^{-4}}{4} = 7.8 \times 10^{-5}mol$$

故25℃、1大氣壓的體積就是：
H_2：$1.6 \times 10^{-4} \times 2.24 \times 10^4 = 3.50 \ell$
O_2：$7.8 \times 10^{-6} \times 2.24 \times 10^4 = 1.75 \ell$

6

電化學

法拉第日記

法拉第在1820年到1862年這42年之間所寫的實驗筆記,後來被出版為7冊的套書。裡面記錄了法拉第每天的點子以及所有實驗結果。

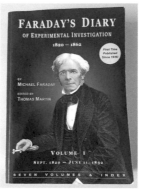

《法拉第日記》第一卷的封面

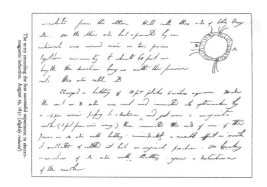

The entry recording the first successful experiment in electro-magnetic induction, August 29, 1831. (slightly reduced)

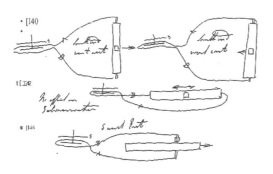

上面的照片是1831年8月29日發現電磁感應現象那天的筆記。圖中畫出了當時捲線圈、用電池給線圈通電製作電磁鐵,以及讓磁鐵在線圈中移動的模樣。

幾乎大部分的筆記都像上圖一樣畫有概念圖。

蠟燭的科學史

麥可・法拉第曾用一根蠟燭舉行了6次演講來介紹科學的有趣之處。這系列演講始於1861年12月,日本正值幕府時期,距今大約160年前。《蠟燭的科學史》一書的日文版是由岩波文庫和角川文庫出版。

演講的內容從「蠟燭是由什麼製造的」開始,繼而說明蠟燭燃燒時周圍空氣流動的情形,並透過實驗證明燃燒的過程會生成水和二氧化碳。

法拉第的講解十分引人入勝,能讓聽眾認識到即便是乍看再簡單不過的現象,背後也有很多不同的化學反應。

位於倫敦薩沃伊宮的法拉第像

位於海格特內的法拉第及妻子莎拉的墳墓

為什麼地球存在磁場？

地球有北極和南極。現在我們在登山時很習慣攜帶指南針來判斷方向，但地球為什麼會有磁場呢？磁場又是如何形成的呢？這兩個問題同樣可以用法拉第的電磁感應研究成果來解釋。

地球的內部就如圖1所示，是由固體的內核和液體的外核及地函所組成。當液狀的外核移動時，就會如圖2所示產生感應電流（即地球發電機理論），遵循法拉第定律而產生磁場。

當然，這個原理是到近年時才被發現的，相信法拉第自己應該也從未想到吧。

而且這種因地核運動而產生的磁場，每隔幾十萬年方向就會逆轉。上次地磁逆轉發生在78萬年前，且這個證據是在千葉縣的市原市發現的。該地質年代在2020年1月17日被國際地質科學聯盟認定為「千葉時代（Chibanian）」。

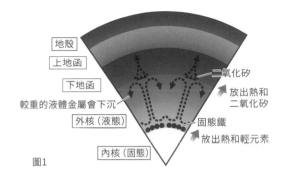

地殼
上地函
下地函
較重的液體金屬會下沉
外核（液態）
內核（固態）
二氧化矽
放出熱和二氧化矽
固態鐵
放出熱和輕元素

圖1

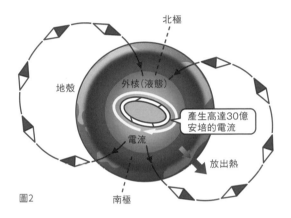

北極
地殼
外核（液態）
電流
產生高達30億安培的電流
放出熱
南極

圖2

參考：《地磁逆轉與「千葉時代」——地球的磁場為什麼會倒轉？》（暫譯，《地磁気逆転と「チバニアン」 地球の磁場は、なぜ逆転するのか》）菅沼悠介 著，講談社出版，2020

能斯特

瓦爾特・赫爾曼・能斯特（1864－1941年）／德國

生於西普魯士的貝利森（現今波蘭的翁布熱伊諾）。父親是西普魯士的地方法官。能斯特曾在蘇黎世大學、柏林大學、卡爾・弗朗岑斯大學學習物理學和數學，後來加入奧士華的團隊當助手，開始研究物理化學。在這個團隊中，能斯特主要從事電化學和溶液化學研究，並因導出了描述電動勢和自由能變化之關係的能斯特方程式而聞名。能斯特在1891年時進入格丁根大學，在1894年成為該大學的第一位物理化學教授。1905年時又轉任到柏林大學，在1925年出任實驗物理化學研究所的主任。能斯特在柏林大學研究了固體在低溫狀態下的比熱，以及高溫狀態下的氣體密度等題目。他跟凡特荷夫、奧士華、阿瑞尼斯並列為20世紀初期的物理化學領域領袖，並在1920年前因「熱化學領域的貢獻」而獲頒諾貝爾化學獎。

偉大貢獻

能斯特最偉大的貢獻，就是推導出了計算電池和電解等電化學反應時最基本的關係式——能斯特方程式。

$$E = E^0 - \frac{RT}{zF} Ina$$

$$E0 = \frac{-\Delta G^0}{zF}$$

ΔG是吉布斯能的變化量，即在特定壓力、溫度下進行化學反應時的自由能變化。A是活度（類似濃度）。

ΔG^0可用構成電池反應的各成分標準生成吉布斯能計算求得，這個值會以表的形式列在很多地方。

其中重要的是ΔG的值，在化學反應自發進行時，吉布斯能會是負的。所以ΔG為零時會達成平衡，ΔG為正值時反應就不會進行。換言之$\Delta G<0$時是電池反應，$\Delta G>0$時是電解反應。

外溢效應

能斯特方程式的第二項，跟組成之化學物質（元素、離子、化合物等）的活度比之對數相關。

例如，水溶液中的H^+濃度變化時，能斯特電位也會變化。所以利用此方程式，就可以透過測量電位來算出H^+濃度。

H^+的活度改變1個位數時，代表每1pH變化了59mV。所以測量能斯特電位就可以測出pH值。

索爾維會議

1911年10月30日到11月3日，比利時布魯塞爾舉行了第一屆討論物理學基礎問題的索爾維會議。此會議的發起者是能斯特，並得到比利時的企業家索爾維資助。索爾維也是發明出碳酸鈉的工業化製造方法的人。

從該屆會議的照片可見，當時研究物理的歐洲學者幾乎都出席了這場會議。照片中第一排最左的就是能斯特，而唯一留

著白鬍子的則是索爾維。當然愛因斯坦、瑪麗・居禮、以及普朗克和拉塞福也在其中。

1911年舉行的第一屆索爾維會議,許多著名物理學家都出席其中。

小故事

斯特講堂的開幕式

距今30年前,在柏林圍牆還未拆除,柏林被分成東西兩邊時,能斯特曾經任教,位於東柏林的洪堡大學(現在的柏林大學)舉辦了能斯特講堂的成立典禮。

筆者跟已故的本多健一教授(東京大學名譽教授)一起受邀參加,欣賞了以小提琴四重奏揭開序幕的開幕典禮。然而,筆者至今依然忘不了當年從地下道穿越柏林圍牆時的緊張感。記得以前在美國德州留學時,也同樣在跨越美墨邊境時被兩側的巨大差異震撼到。

對東柏林的人而言,我們是來自政治敵對的西方國家的訪問者,但他們還是非常親切地招待我們,令人十分感動。

pH計和離子濃度計

可測量水的酸鹼度的pH計就是運用能斯特方程式,藉由測量電位來計算pH值。pH計利用了**氫離子濃度**導致的電位變化,藉由包了薄玻璃膜的電磁來測量電位。測量溶於水中的氯離子Cl^-或**銨離子**NH_4^+時,則要換用對應各離子之能斯特方程式的膜。現在市面上有很多種離子濃度計,常被用來監測水質。

圖1是離子濃度計的檢測系統示意圖。

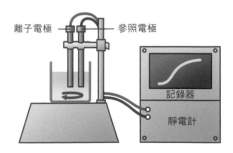

離子電極　　　參照電極

記錄器

靜電計

圖1 離子濃度計的檢測系統

電化學的主要研究

1791年 伽伐尼（義大利，1737～1798年）：生物電說
　　　 伏打（義大利，1745～1827年）：接觸電位說
1800年 伏打（同上）：發現電池原理
　　　 威廉・尼科爾森（英國，1753～1815年）：水的電解
1807年 戴維（英國，1778～1829年）：發現K、Na等元素
1833年 法拉第（英國，1791～1867年）：電解定律
1874年 吉布斯（美國，1839～1903年）：發表奠定化學熱力學基礎的吉布斯能
1883年 阿瑞尼斯（瑞典，1859～1927年）：電離說
1889年 能斯特（德國，1864～1941年）：發表電極電位的熱力學感應（能斯特方程式）
1905年 塔菲爾（瑞士，1862～1918年）：關於過電位的塔菲爾方程式

主要的電池種類

　　以下列出現代實際運用的各種電池種類。一次性電池是指用完即丟的電池，充電電池則是可以重複充電使用的電池。

　　另外燃料電池也是一種效率很好的電池，被應用於各種領域。

主要的實用一次性電池

名稱	組成		電壓/V	特徵和主要用途
	正極	負極		
錳乾電池	MnO_2	Zn	1.5	便宜，電流低，適合以間歇放電使用的機器。
鹼性錳乾電池	MnO_2	Zn	1.5	性能是錳乾電池的2～10倍，具有放電電流大的特性，且低溫下的放電性良好。
氧化銀電池	AgO	Zn	1.5	高能量密度，作用時的電壓穩定，溫度適性和保存性良好。
鋅空氣電池	O_2	Zn	1.4	可直接用空氣中的氧當正極材料，所以只要在外殼內填入鋅當負極材料即可，能量密度高。不適合長時間低電流放電。
二氧化錳-鋰電池	MnO_2	Li	3	高能量密度，具有高電壓、高輸出的特性。可用於各種溫度環境。

主要的充電電池種類

名稱	組成		電壓 /V	特徵和主要用途
	正極	負極		
鎳鎘電池	羥基氧化鎳（NiOOH）	Cd	1.2	壽命長，且耐過充過放，輸出也高。適用於電動工具等高輸出的用途。
鉛蓄電池	二酸化鉛（PbO_2）	Pb	2	品質穩定，且經濟性高，被廣泛用於汽車上。隨著密閉性愈來愈好，變得更加容易保存和使用，適合當成如驅動用電源等固定式電源。
鋰離子電池	$LiCoO_2$ $LiNiO_2$ $LiMn_2O_4$ $LiFePO_4$	硬碳	3.6	高能量密度、輕盈、電壓高。可廣泛用於各種溫度的下。技術革新很快，每年都會出現性能更好的產品。

主要的燃料電池種類

名稱	組成			特徵和主要用途
	氧化劑	電解質	燃料	
鹼性燃料電池（AFC）	O_2 或空氣	氫氧化鉀（KOH）陰離子交換膜（OH^-）	純H_2	運作溫度：通常$60 \sim 100$℃。電極觸媒：鉑（Pt）、銀（Ag）、鎳（Ni）等。用途：太空（太空梭）、海底工作船等。
質子交換膜燃料電池（PEFC）	O_2 或空氣	陽離子（H^+）傳導性高分子電解質	改質H_2 或甲醇（CH_3OH）	運作溫度：室溫~ 100℃。電極觸媒：Pt、Pt合金。用途：汽車、家用汽電共生、行動電源等。
磷酸燃料電池（PAFC）	空氣	磷酸（H_3PO_4）	改質H_2	運作溫度：$170 \sim 250$℃。電極觸媒：Pt、Pt合金。用途：太空（太空梭）、海底工作船等。大樓用現場發電設施等。

6

電化學

7 熱力學與化學能

卡諾
（1796-1832年）
研究了蒸汽機的效率

焦耳
（1818-1889年）
發現焦耳定律和能量守恆定律（熱力學第一定律）
對熱力學發展有巨大貢獻

吉布斯
（1839-1903年）
化學反應進行的方向性

　　木頭、紙張、石油等物質燃燒後會生成二氧化碳和水，並產生巨大的能量。伴隨此類反應產生的熱叫做反應熱。例如1mol的甲烷（CH_4）（約16g）在空氣中燃燒時的反應式如下：

$$CH_4 + 2O_2 \quad \rightarrow \quad CO_2 + 2H_2O$$

　　此時，有880kJ/mol的能量會以熱的型態產生。

　　化學反應通常是化學能高的物質變成化學能低的物質。金屬有時也可以燃燒。例如粉末狀的鐵或鎂在空氣中就很容易燃燒，並會釋放大量的燃燒熱，而不易氧化的銅和銀則釋放較少的燃燒熱。

　　而除了燃燒之外發熱反應，還有鐵和硫的化合反應；酸和鹼的中和反應（中和熱）；氫氧化鈉、濃硫酸、氯化鉀等化合物溶於水時的反應（溶解熱）等等。

　　然而，化學反應並不一定總是從化學能高的物質變成化學能低的物質，也有反過來的情況。此時反應物和周圍的物質在反應過程中會吸熱，使周圍溫度降低。例如硝酸銨結晶溶於水時，會奪走燒杯和周圍空氣的熱量。這種在反應過程中會吸熱的化學反應叫做吸熱反應。

　　在吸熱反應中，由於生成物的化學能比反應物更高，所以反應過程中會吸收周圍的熱來獲取反應所需的能量。

　　為什麼會發生這樣的現象呢？這顯示了化學反應不一定完全由能量差控制。想回答這問題，就需要用到熵的概念。

　　回歸正題。本章我們首先要來看看卡諾對熱機效率的研究。

　　熱從高溫物體移動到低溫物體時會做功，而卡諾運用理想熱機的概念分析了熱功的效率。接著焦耳透過實驗弄清了熱和功的關係。不僅如此，焦耳在分析能量移動的過程時，又提出了熵的概念。而吉布斯則應用了熵的概念來思考化學反應的進行過程。

卡諾

尼古拉・萊昂納爾・薩迪・卡諾（1796-1832年）／法國

法國物理學家、工程學家。就讀巴黎綜合理工學院期間接受當時一流的科學家和數學家指導，畢業後成為法國陸軍軍官。卡諾很希望研發出效率更好的熱機，因此研究了蒸汽機的效率。1824年他發表論文《論火的動力》，計算了熱從高溫物體移動到低溫物體時的功，考察了熱變成功的效率。卡諾在論文中得出結論：理想熱機的效率取決於高溫和低溫熱源的溫差，而與驅動熱機的工作物質無關。然而這個想法在當時不被理解，不久後卡諾就因霍亂而英年早逝。

考察卡諾循環

卡諾設想了一個如圖1所示，在高溫（T_H）時會從外部吸熱轉化成能量，使工作物質膨脹，對外部做功，然後在低溫（T_L）時把剩下的能量變成熱排出，回到原始狀態的活塞，也就是理想熱機（**卡諾循環**）。

這個活塞的運作分成等溫和絕熱2種狀態，最重要的是這兩種過程都是可逆的。卡諾假設活塞的過程完全沒有摩擦力等其他力的影響，完全在理想狀態下工作。換言之，**可逆**（reversible）的意思就是「熱機完全不受外部影響，可從圖1的狀態2回到狀態1」。

卡諾循環會經歷4個過程，從點1→2、點3→4的過程為等溫狀態，從點2→3和點4→1的過程是**絕熱**狀態。點1、2、3、4圍起來的部分是1個循環，代表熱機對外部的**做功量**。而最重要的是熱功轉換效率。當T_H和T_L的溫差愈大，則轉換效率愈高。

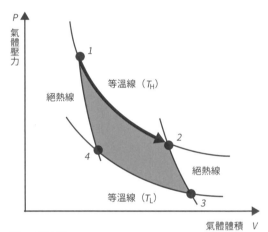

圖1 卡諾循環

熵增定律的推演

卡諾的理論有很長一段時間都沒有受到重視，直到卡諾去世2年後的1834年，法國物理學家**埃米爾・克拉佩龍**（1799-1864年）才發表了一篇論文介紹了卡諾的成就。而**魯道夫・克勞修斯**（1822-1888年）則展現更深的理解。克勞修斯是一位研究熱力學和分子運動的理論家，他詳細分析了卡諾熱機的理論。

1854年，克勞修斯建立了以下關係式來表達在2個絕對溫度T_H和T_L間運作的可逆卡諾熱機效率 η：

$$\eta = \frac{Q_H - Q_L}{Q_H} = \frac{T_H - T_L}{T_H}$$

此時，假如一個熱機不是**理想熱機**，那麼該熱機的效率將低於理想熱機。由上式可推導出熱循環具有以下關係。假如是理想熱機，那麼下式將是等式，非理想熱機的話則為不等式。

$$\frac{Q_H}{T_H} - \frac{Q_L}{T_L} \geqq 0$$

克勞修斯把焦點放在 $\frac{Q}{T}$ 上繼續往下論述。他為了表達這個值而使用了熵（S）的概念。克勞修斯推論，因為這是一個自發性的不可逆過程，所以遵循上述關係自然發生的過程中，包含熱機及其周圍的整個系統的**熵**必然會變大，由此推導出了「熵增定律」。

魯道夫・克勞修斯

（1822–1888年）

　　生於普魯士的克斯林市（現屬波蘭），就讀柏林大學和哈勒大學。1855年成為蘇黎世大學的物理學教授，後轉任波恩大學的教授。根據卡諾的理論提出了熵的概念，用數學方式表述了熱力學第二定律。

卡諾的資料

　　卡諾在1832年8月24日便因霍亂而結束了短暫的一生，年僅36歲。為了預防霍亂傳染，卡諾的遺物幾乎都被燒毀。唯一留下的資料只有卡諾自己的筆記，以及後來由其弟伊波利特・卡諾執筆的傳記《卡諾的生平》（1878年）。

　　根據這本傳記的紀錄，卡諾雖接受的是軍人教育，並升任至上尉，但他卻是一位學富五車的青年。為了鍛鍊肉體和精神，卡諾不僅懂得馬術、游泳、滑冰、擊劍，還喜愛讀書、朗讀、彈小提琴，甚至還會作詞和作曲。

　　卡諾曾留下以下名言。

（1）在展開新生活後應立即養成好習慣。

（2）如果只是輕微的冒犯，就當作沒有發現隱忍下來。

（3）敞開自己的心房，傾聽他人的喜悅。

（4）知則少言，不知則不語。

（5）與人說話時，應談論對方最了解的事。

（6）不要開有可能會傷害到他人的玩笑。

（7）如果爭論中的理性論述愈來愈少，不如保持沉默。

（8）比起努力讓自己看起來才氣煥發，我更喜歡謙虛又不矯揉造作的人。

（9）不要把理智和常識混為一談。

（10）人的一生十分短暫，而我已走完一半。我想盡我所能走完剩下一半。

卡諾的家族

　　卡諾的家族就跟第8章將介紹的**貝克勒家族**一樣，有許多活躍的名人。

　　卡諾的父親**拉札爾・卡諾**（1753-1823年）是法國科學院的院士，也是一名政治家、軍人、以及數學家。弟弟**伊波利特・卡諾**（1801-1888年）則是為卡諾寫了傳記的政治家，其2位兒子也都是名人。伊波利特的長子馬里・弗朗索瓦・薩迪・卡諾（1837-1894年）是法蘭西第三共和國的總統。次子馬里・阿道夫・卡諾（1839-1920年）是礦業工程師和化學家，含有鈾元素的放射性礦物釩酸鉀鈾礦（Carnotite）就是取自其名。

焦耳

詹姆斯·普雷斯科特·焦耳（1818－1889年）／英國

物理學家、釀酒師。生於英國曼徹斯特的郊區。由於幼時體弱多病無法去學校，所以從4歲開始便隨家教老師道耳頓（p.12）學習。長大後繼承家族經營的造酒廠，同時也是一位實驗家，一生做過很多名留科學史的實驗。22歲時發現了焦耳定律，此外還發現了能量守恆定律（熱力學第一定律），並在實驗中算出熱功當量，對熱力學的發展有巨大貢獻。其姓氏也成為能量、功、熱量、電量的國際單位焦耳（J）。據說焦耳一生都在做實驗，且把所有財富都投入實驗中，從60歲起就只靠政府津貼生活。

焦耳定律的發現

焦耳是能量守恆定律最重要的貢獻者。1840年，焦耳在研究電流的熱效應時，發現電流產生的熱與導體的電阻和通過電流之強度平方成正比，也就是**焦耳定律**。

除此之外，他還進一步研究了熱和使物體移動的功之間的關係。如下圖所示，焦耳把一個螺旋槳放入大水槽中旋轉，並測量水溫的變化，確認到螺旋槳旋轉時做的功會變成熱。

焦耳測量了做功時產生的熱量，以此測出了熱功當量。當時他測得的值是4.169J/cal。通過這些實驗，焦耳發現電、熱等能量可以藉著功互相轉換。

但因焦耳沒有上大學，而且當時也不是學界公認的科學家，所以他寄給皇家學會的論文遭到退回，科學界對他的研究反應十分冷淡。然而在1847年於牛津舉辦的英國學術協會會議上，**威廉·湯姆森**（即後來的**克耳文男爵**）注意到了焦耳所做研究的重要性，學術界才漸漸接受了焦耳。

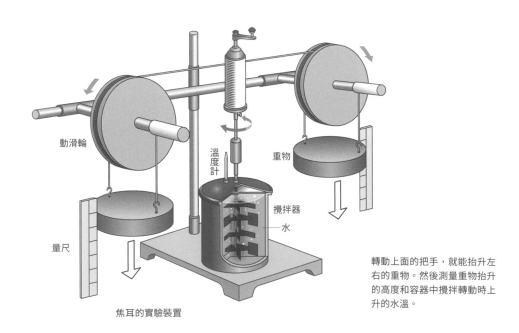

動滑輪

溫度計

重物

攪拌器

水

量尺

焦耳的實驗裝置

轉動上面的把手，就能抬升左右的重物。然後測量重物抬升的高度和容器中攪拌轉動時上升的水溫。

焦耳-湯姆森效應

後來以克耳文男爵的頭銜為人所知的威廉·湯姆森，在1849年首次使用了「**熱力學**」這個詞彙，對這門學位的體系化有巨大貢獻。焦耳和湯姆森之後成為好友，並共同研究了氣體的性質。

其中最有名的研究就是氣體絕熱膨脹時溫度會下降的「**焦耳-湯姆森效應**」。

液態氮和液態氦就是應用這個原理製造的。一如《物理學家的科學講堂》p.57的說明，製造液態氦或液態氮需要用到很複雜的設備。而一般家庭用的冰箱或冷藏庫，則如下圖是用冷媒來運作的。這種冷卻方法的關鍵就是利用氨等冷媒的**汽化熱**。

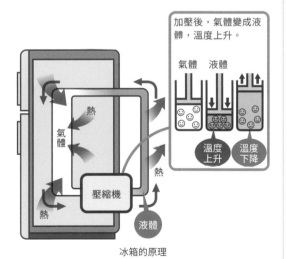

冰箱的原理

什麼是焦耳

J（焦耳）是能量的單位，可在以下等各種場合計算能量。

・對電熱源施加1V（伏特）的電壓，1A（安培）電流在1秒間產生的熱。

・10W的燈泡在0.1秒間消耗的電量。

・使1g的水升溫0.24度所需的熱量。

・將1N（牛頓）重的物體抬升1m所需的能量。

伏打電池的活用

焦耳在22歲時，發現電阻的發熱量跟電流強度的平方和電阻的積成正比。而在這個令他發現焦耳定律的實驗中，焦耳使用的電源就是伏打電池。

當時的焦耳認為，只要運用得當，電池將會是比蒸汽機更簡單好用的動力來源。當然，由於當時**伏打電池**的效能還不是很好，焦耳的想法也被視為異想天開；但150年後的今天，**鋰充電電池和燃料電池**已是隨處可見的動力來源。

威廉·湯姆森（俗稱克耳文男爵）
（1824-1907年）

英國物理學家。生於愛爾蘭的貝爾法斯特，父親是一位數學教授，從小接受英才教育，10歲就進入格拉斯哥大學就讀，後來又到劍橋大學接受教育。22歲時成為格拉斯哥大學的自然哲學教授，並擔任此職直到1899年。

他幫助了熱力學的體系化，發現了焦耳-湯姆森效應，並發明了電磁學中的各種檢測計。

湯姆森是代表維多利亞時代大英帝國科學、技術成就的大科學家，在1866年被授予貴族頭銜。

焦耳的後半生

1868年，焦耳進行了利用焦耳熱的熱功當量實驗。同一時期，他還做了彈性體的相關研究。焦耳發現橡膠在絕熱快速拉伸時溫度會上升。這個現象現在被稱為**哥夫-焦耳效應**（Gough-Joule effect）。

1870年，焦耳獲頒**科普利獎章**，接著又在1872年被選為英國科學協會的主席，從此確立了焦耳的科學家地位。然而，焦耳繼承的龐大財產在1875年終於完全用盡，再也無法自己出錢做實驗。據說在那之後，焦耳主要依靠皇家學會等機構的研究費來做實驗。

從1878年開始，英國政府每年都給予焦耳200英鎊的津貼，焦耳的生活才穩定下來。1887年，焦耳再次當選英國科學協會的主席。

科普利獎章

這是英國歷史最悠久的科學獎章之一，用於表揚於科學領域有傑出成就的人。科普利獎章是由**皇家學會**頒發，在**戈弗雷・科普利爵士**捐贈的基金下於1731年成立的獎項，直到現在依然存在。例如2019年的得獎者是曾獲得諾貝化學獎的**約翰・B・古迪納夫**，2006年是**史蒂芬・霍金**，2004年是哈羅德・克羅托。

本書中介紹的科學家也有許多人都曾拿到科普利獎章。

1776年 亨利・卡文迪許
1772年 約瑟夫・普利斯特里
1794年 亞歷山卓・伏打
1805年 漢弗里・戴維
1832年 麥可・法拉第
1838年 麥可・法拉第（第二次）
1840年 尤斯圖斯・馮・李比希
1860年 羅伯特・威廉・本生
1870年 詹姆斯・普雷斯科特・焦耳
1885年 奧古斯特・凱庫勒
1891年 斯坦尼斯勞・坎尼乍若
1901年 威拉德・吉布斯
1905年 德米特里・門得列夫

曼徹斯特市政廳 焦耳像

焦耳之墓。墓碑上刻有他在1878年算出的熱功當量值（772.55ft-lb）

創造歷史的科學家名言⑦

一個人的價值，在於他貢獻什麼，而不是他能取得什麼。

—— 阿爾伯特‧愛因斯坦（1879-1955年）

吉布斯

喬賽亞・威拉德・吉布斯（1839 － 1903 年）／美國

吉布斯是5姐弟中的么子（有4個姊姊），父親是耶魯大學神學教授，小時候的個性內向。吉布斯就讀於耶魯大學，在24歲時以「論直齒輪輪齒的樣式」的論文拿到工程學博士學位。吉布斯是美國第一個拿到工程學博士學位的人，同時也是所有理工領域的第二人。

1866年，他前往歐洲留學3年，並在此期間受到基爾霍夫和亥姆霍茲的影響。1869年他成為耶魯大學的數學物理學教授。他提出了自由能和化學勢能的概念，並率先將之應用在熱力學的化學中。此外吉布斯也是統計力學的先驅，被譽為美國誕生的第一位偉大科學家。

偉大貢獻

首先介紹**吉布斯能**的重要性。

要定義一個化學反應是不是自然發生，需要從熱力學的角度來思考。此時我們會用壓力、溫度當參數，並牽涉到**內能、焓（H）、熵（S）**等**熱力學**特有的名詞和定義。

其中，在思考固定壓力下的化學反應時，焓的變化量通常表示為 ΔH。而一般來說，在考察特定壓力、特定溫度下的化學反應時，則是使用吉布斯能（G）。

吉布斯能是吉布斯提出的概念，一般的實驗室中在評估化學反應是否會自發進行時，吉布斯能是最好用也最重要的物理量。

舉個例子，假設我們要研究A物質跟B物質混合會不會產生C化合物。此時吉布斯能就可以在這個問題上給予我們提示。假設我們考慮的是在特定壓力和特定溫度下，於燒杯內發生的化學反應。假如吉布斯能是負值，那麼化學反應就會自發進行，如果是正值則不會。

吉布斯能跟電化學反應有密切關係。若 $\Delta G < 0$ 則可變成電池，若 $\Delta G > 0$ 則必然發生電解反應。若用 ΔG 來表示**電化學反應**中最重要的能斯特方程式，則可寫成：

$$E = E^0 + \frac{RT}{nF} \ln \Delta G$$

E^0：標準狀態下的電勢

R： 理想氣體常數

T：溫度

n：電子數

F：法拉第常數

吉布斯的論文

儘管現在很難想像，但在150年前，世界的學術中心是英國、德國、法國等歐洲國家，由美國人所寫的英文論文不太容易受到注意。吉布斯的論文一開始也幾乎沒有人關注，直到被奧士華和勒沙特列等人翻譯成德語和法語後才終於引起注意。

美國在現代化學界扮演非常重要的地位。以美國化學學會發行的Journal of the American Chemical Society（JACS）為首的許多美國學術期刊都相當受到化學界重視。相較於現代的情況，今昔的差異令人感到吃驚。

熵和吉布斯自由能

　　熵（S）在熱力學中是一個用於表達系統混亂程度的概念。例如水從低溫變成高溫的過程中，會從冰塊變成液體再變成氣體。在冰的狀態時，水分子的排列非常規律，儘管存在細微的震動，但分子是不會移動的。然而變成液態後，水分子就開始亂跑，而在氣態下更會瘋狂亂飛。此時，系統的混亂程度從固體、液體、到氣體逐漸增加，而俗稱熵的物理量也跟著上升。

　　由於混亂的狀態比穩定的狀態更容易發生化學反應，因此熵只會由小變大。也就是說，一個狀態的熵愈大，該狀態發生的機率就愈高。

　　那麼接著讓我們綜合焓（H，化學物質擁有的熱能）和熵的概念，來看看自由能（G）是什麼吧。一般在化學反應中，是從化學能——也就是焓（H）——比較高的物質變成化學能低的物質。那麼，如果兩化學物質的焓和熵（S）反應方向恰好相反的話，化學反應會往那個方向變化呢？

　　在固定的壓力和溫度下，吉布斯將 ΔG 定義為 $\Delta G = \Delta H - T\Delta S$。$\Delta G = 0$ 代表是平衡狀態。若 $\Delta G < 0$，則此反應會自發進行，$\Delta G > 0$ 則此反應不會自發進行。

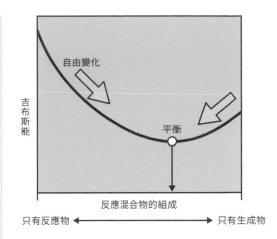

自由變化

吉布斯能

平衡

反應混合物的組成

只有反應物 ← → 只有生成物

8 輻射化學

貝克勒
(1852-1908年)

發現天然輻射

瑪麗·居禮
(1867-1934年)

發現釙和鐳

尤里
(1893-1981年)

發現重氫

在所有有關輻射的發現中，最重要的事件當屬倫琴發現X射線。1895年11月8日是值得紀念的X射線發現日。當時倫琴正在使用克魯克斯管研究陰極射線，結果偶然發現放在旁邊的氰亞鉑酸鋇（II）竟然發出了微光，才因此發現了X射線。關於倫琴發現X射線的前因後果和他之後的貢獻，請參照前書《物理學家的科學講堂》的第12章「輻射」一項。

由倫琴發現的X射線除了醫學領域外，也被應用在理學、工程學的各個分野。第1屆諾貝爾物理學獎頒給倫琴也是理所當然的。

話歸正題，本書將介紹在倫琴之後發現了天然輻射的**貝克勒**、發現**鐳元素**和**釙元素**的**瑪麗·居禮**、以及分離出氫和鈾同位素的**尤里**。

貝克勒是法國一個科學世家的第三代。令人驚訝的是，貝克勒的家族在100年間連續4代都在同一學術單位擔任同一職位。

瑪麗·居禮則如大家所知，在年輕時從波蘭費盡千辛萬苦前往巴黎求學，成為巴黎大學物理系首位女性學生。其本人拿到兩次諾貝爾獎，且長女夫婦也同樣是諾貝爾獎得主。

尤里分離出了重氫，以及製造原子彈所需的鈾235。在原子彈投下後，尤里開始反思自己的研究內容，將研究重心轉向宇宙等領域。

貝克勒

安托萬・亨利・貝克勒（1852 － 1908 年）／法國

1852年生於巴黎。貝克勒家是一個科學家輩出的家族。1872年貝克勒進入菁英學校巴黎綜合理工學院就讀，1874年又考進理工科最難考的國立橋路學校（ENPC）學習工程學（1888年拿到自然科學博士學位）。1878年貝克勒開始在法國國立自然史博物館工作，1891年成為應用物理學教授，1895年成為綜合理工學院教授。他發現鈾鹽會放出天然輻射，在1903年跟居禮夫婦同時拿到諾貝爾化學獎。

發現輻射的經緯

1896年，貝克勒正在研究鈾和鉀的雙硫酸鹽的磷光現象，他預測這兩者的結晶照到陽光後可使感光底片黑化，並設計了一個實驗。但很不巧的是連續好幾天都遇到陰天，貝克勒只好用黑紙把結晶包起來，跟感光底片一起收進抽屜。幾天後，貝克勒底片拿出來沖洗，意外地發現底片上竟然拍到了結晶的成像。他於是推論鈾化合物會自然放出輻射能。

這是一個機緣巧合發現的例子。

貝克勒家4代

第1代 安托萬・塞薩爾・貝克勒（1788－1878 年）

畢業於巴黎綜合理工學院，當完兵後從事礦物學研究。

曾用電解方法從礦石中提取出金屬，研究電化學，並成為自然史博物館的教授。跟麥可・法拉第也有往來。

第2代 愛德蒙・貝克勒（1820－1891 年）

擔任其父的助手，在1839年19歲時因發現了光生伏打效應而拿到巴黎大學博士學位。1853年成為國立工藝學

院教授，1878年成為自然史博物館教授，在1881年擔任巴黎國際電力博覽會的負責人。

第3代 亨利・貝克勒（1852－1908 年）

本節主角，如本節文中的介紹，是天然輻射的發現者。4人中最早逝的一位。

第4代 吉昂・貝克勒（1878－1953 年）

同樣畢業於巴黎綜合理工學院和國立陸橋學校。繼承自祖父一路傳下來的職位，在1909年成為自然史博物館的教授，研究結晶的光學和磁力學。

如上所述，貝克勒家族4代都在自然史博物館應用物理部門任職，並長期研究電化學、光化學、輻射等領域，算是非常罕見的例子。

光的貝克勒效應

左邊介紹的亨利・貝克勒之父愛德蒙・貝克勒因發現光伏效應而聞名。

愛德蒙・貝克勒是第一位如圖1所示，把鉑金屬電極放到水溶液中照射陽光，檢

測陽光下電壓和電流變化的人。

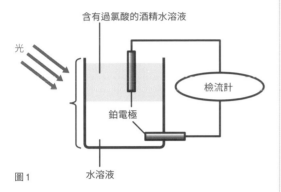

含有過氯酸的酒精水溶液

光

檢流計

鉑電極

圖1　　　　　　水溶液

　　這項最早用於光電化學研究的裝置如今只有留下概略圖，沒有具體的數值報告，但一般認為此實驗中產生的**光電流**應該非常微小。當時**氯化銀**和**溴化銀**等**鹵化銀**曝光後會變黑的底片原理正好剛發現不久，而這個原理可以用來提高光電流。據說愛德蒙・貝克勒曾試過把鹵化銀塗在鉑電極表面來增加光電流，但因為鹵化銀會被光分解，所以沒能獲得穩定的光響應。

　　這個領域的真正崛起是在矽半導體和鍺半導體的研究出現之後。由於半導體也有光電效應，所以非常適合作為**貝克勒效應**的材料。

　　自1966年前後，以美國和德國為中心，以**鍺**或氧化鋅當作**半導體電極**放在水溶液中的研究大量出現。

　　這個領域的基礎研究是由**海因茲・格里舍**（Heinz Gerischer）完成的。在他奠定了基礎後，才出現了光電化學這個領域。格里舍過世後不久，歐洲電化學協會成立了**格里舍獎**。

　　回歸正題，用氧化鋅當電極時，雖然能觀察到以毫安培為單位的光電流，但氧化鋅卻會在這個反應中溶解。

　　於是化學家開始思考，有沒有哪種光

響應性大，又不會發生溶解反應的半導體呢？這正是筆者藤嶋用**氧化鈦**當電極，對水做光分解的研究內容。

　　這項研究的成果現在被稱為**光觸媒**，被應用於各個領域。相關內容在第11章「光化學」有詳細說明，請參照該部分。

海因茲・格里舍獎

以奠定光電化學相關半導體電極基礎研究的格里舍之名命名的獎項，設立於2003年。第1屆得獎者就是藤嶋。另一位日本得獎者是物質材料研究所的理事長橋本和仁，在2017年獲獎。

2003年　藤嶋昭
2005年　米夏埃爾・格雷策爾
2007年　艾倫・J・巴德
2009年　Rüdiger Mcmming
2011年　Helmut Tributsch
2013年　Arthur J. Nozik
2015年　Adam Heller
2017年　橋本和仁
2019年　Nathan Lewis

瑪麗・居禮

瑪麗亞・斯克沃多夫斯卡・居禮（1867－1934年）／波蘭→法國

瑪麗・居禮原名為瑪麗亞・斯克沃多夫斯卡，出生在波蘭的華沙，是5名兄弟姐妹的么子。她的母親和長姊在其年幼時就已病逝，父親也失業，全家過著貧窮的生活。瑪麗・居禮以第一名成績從女校畢業後成為家庭教師，為前往巴黎學醫的姊姊提供經濟援助。而在姊姊當上醫生後，再換姊姊資助她前往巴黎求學，使瑪麗在1891年進入巴黎大學唸書。她在巴黎租了一間小閣樓內的房間，屋子裡沒有暖氣，冬天十分寒冷。她的生活拮据，每天三餐都是麵包配茶。即使如此她仍努力唸書，並在物理學的學士資格考試中以第一名通過。大學畢業後，瑪麗跟法國科學家皮耶・居禮結婚，除了研究之外還要做家事和帶孩子，生活十分忙碌。在日本習慣以其婚後的姓氏稱其為「居禮夫人」。

瑪麗一生都在研究輻射，並2度拿到諾貝爾獎。她發現了2種新的放射性元素，但也在研究中暴露於大量輻射下，1934年因白血病去世。

從8公噸的礦石中提取出0.1公克的鐳

1898年，瑪麗跟丈夫**皮耶**一同發現了「**釙**」和「**鐳**」這2種新的**放射性元素**。2人開始嘗試從一種俗稱**瀝青鈾礦**的礦石中提取這兩種元素。釙相對容易提取，但鐳的分離作業卻困難至極。

2人搜集了大量的瀝青鈾礦，花了好幾天時間把它們磨成粉末，再放到大鍋裡煮。終於在1902年，他們成功分離出純鐳。分離出來的鐳僅有0.1公克，卻用掉了多達8公噸的瀝青鈾礦。1903年，居禮夫婦在輻射研究方面的成果受到學界認同，拿到了諾貝爾物理學獎。拿到諾貝爾獎後，瑪麗夫婦的生活變得比以前寬裕不少。然而1906年皮耶就在一場馬車車禍中喪生。瑪麗傷心之餘仍繼續在大學擔任物理學講師，埋頭研究。

1910年，瑪麗成功從以前取得的氯化鐳原料中分離出純鐳金屬，在1911年成為首位二度拿到諾貝爾獎（化學獎）的人。

皮耶・居禮（1859–1906年）

1859年生於巴黎，是一位醫師的次子。在父親安排下沒有就讀中學，而是跟隨父親和家教習理科和數學，16歲成功通過入學考試進入巴黎大學就讀。

皮耶發現了某些結晶在受壓後會產生電力（**壓電效應**）的現象，在結晶物理學領域相當活躍。

他發明的電位計和**壓電計**可以正確測量貝克勒射線，在跟瑪麗的共同研究中扮演了重要角色。1906年的一個下雨天，在一場馬車車禍中被夾在兩輛馬車中間而去世。

伊雷娜・居禮和弗雷德里克・約里奧

伊雷娜是居禮夫婦

的長女，1897年生於巴黎。在第一次世界大戰期間以看護師和X射線技師的身份協助母親。戰後進入巴黎大學就讀，在瑪麗的**鐳研究所**做研究，於1925年靠釙的 α 射線研究取得博士學位。

弗雷德里克在1900年生於巴黎。自巴黎高等物理化工學院畢業後成為一位電工技師，1925年進入鐳研究所成為瑪麗的助手。1930年以**放射性元素**的電化學相關論文獲得巴黎大學博士學位。

1926年伊雷娜和弗雷德里克結婚，並從1931年左右開始共同研究。兩人做了用 α 射線照射鋁片和鎂片產生放射性元素的實驗。在瑪麗去世後的隔年，也就是1935年，他們共同拿到諾貝爾化學獎。

居禮夫人的理科課堂

瑪麗（居禮夫人）在1906年至1908年的2年間，曾跟巴黎大學的同事們一起為他們的10多位孩子上課。

在2000年前後，當時曾跟瑪麗的長女伊雷娜一起上課的伊莎貝爾·查萬內斯於課堂上所寫的筆記（右圖）偶然被人發現，使人們得以一窺瑪麗為小孩子們開設的以實驗為核心的上課內容。

筆記中記錄了10次實驗，內容包括：
① 真空和空氣的差異
② 感受空氣的重量
③ 阿基米德原理
④ 測量固體和液體的密度
⑤ 製作氣壓計
等等。

瑪麗的課堂以提問和實驗為基礎，輕鬆愉快且充滿獨創性。有興趣的讀者可閱讀2004年出版的《居禮夫人的課堂》一書（右上）。

更令人驚訝的是，該課堂的其他講師也都是超一流的學者，其中一位負責化學課的老師是**尚·巴蒂斯特·佩蘭**。他也在1926年拿到諾貝爾物理學獎。

《居禮夫人的課堂》（暫譯，《Leçons de Marie Curie》）日文版封面
吉祥瑞枝 監修，岡田勳、渡邊正 譯，丸善出版，2004年

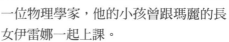

尚·巴蒂斯特·佩蘭
（1870–1942年）

跟瑪麗一起替孩子們上課的老師之一。佩蘭是一位物理學家，他的小孩曾跟瑪麗的長女伊雷娜一起上課。

佩蘭曾用愛因斯坦的理論對花粉微粒在水中的**布朗運動**進行精密測量，證明了**分子**的存在，並於1926年拿到諾貝爾物理學獎。

尤里

哈羅德‧克萊頓‧尤里（1893－1981年）／美國

生於美國印第安納州，父親是牧師，在蒙大拿大學取得動物學理學學士學位後，轉攻化學進入加州大學（柏克萊分校）跟隨吉爾伯特‧牛頓‧路易斯學習並取得博士學位。之後又到歐洲跟隨物理學家波耳學習，回國後於1934年成為哥倫比亞大學的化學教授。研究範圍很廣，包含化學反應論、量子力學、分子光譜學，也正是這個跨領域的知識基礎幫助他發現了重氫同位素。除了重氫之外還成功分離了碳、氮、氧、硫等許多元素的同位素。此外也成功分離出鈾的同位素鈾235，參加了製造原子彈的曼哈頓計劃。1934年獲得諾貝爾化學獎。

▌偉大貢獻

尤里認為普通的氫應該會比重氫更容易蒸發，故用14K的溫度蒸發了液化氫，將4公升的液化氫濃縮成1毫升，然後再利用光譜檢測確認了**重氫（氘）**的存在。1932年，他又用**水的電解**成功濃縮了氘。氘（D_2）不僅對核轉換研究很重要，**同位素**對研究化學反應機制也很有幫助，被廣泛利用於各種化學實驗中。

▌外溢效應

1933年，加州大學的路易斯成功製造出重水。接著，1934年**歐尼斯特‧拉塞福**成功用重質子（重氫的原子核）撞擊重氫製造出氚。**魯道夫‧舍恩海默**使用含有重氫的脂肪分子，發現了人體脂肪的消耗機制。此外尤里還製造出了碳**同位素**和氮同位素（N15），後來舍恩海默利用含有這些同位素的脂肪和胺基酸當**示蹤劑**，研究了人體內脂肪和**胺基酸**的循環。

在**地球物理學**領域，科學家也利用同位素來進行年代檢測。

鈾的同位素有**鈾235**和**鈾238**，前者是製造**原子彈**的原料。尤里發明了氣體擴散法來分離鈾235，參與了曼哈頓計劃。

戰後，尤里反省自己參與原子彈製造一事，轉而研究地球物理學。當時科學界認為大球的原始大氣主要由氫、氨、甲烷組成，於是尤里跟他的學生**史丹利‧洛伊‧米勒**做了一個實驗來測試這個大氣組成是否有可能形成**胺基酸**。這就是用閃電來製造胺基酸的知名實驗米勒-尤里實驗。

1940年，尤里獲頒**戴維獎章**，1973年又拿到了**普利斯特里獎**。

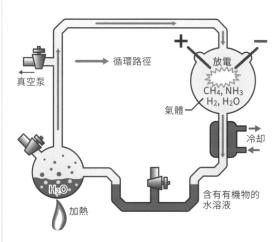

尤里和米勒的實驗。目的是模擬原始大氣來合成生物的構成元素胺基酸。1953年，史丹利‧洛伊‧米勒在尤里的實驗室中進行了這項實驗。

創造歷史的科學家名言⑧

科學家在他的實驗室中不只是一個技術人員，在面對令他為之著迷的大自然現象時，他同時也是一個小孩子。

—— 瑪麗・居禮（1867-1934年）

9 反應速度

哈伯
（1868-1934年）

洞悉化學平衡的本質，成功大量合成出氨

艾林
（1901-1981年）

提出計算化學反應速度的理論

馬庫斯
（1923年-）

建立電子轉移反應速率的相關理論

　　變化的速度不論對理解物理、化學、生物學現象，還是對應用這些現象都極其重要。

　　其中一個例子就是氨的工業化生產。**哈伯**著眼於用氫和氮合稱氨的化學反應中的**化學平衡**（氨的生成反應與分解反應之平衡），成功讓化學平衡往氨的方向移動，跟卡爾·博施一起發明出大量生產氨的方法（**哈伯-博施法**）。歸功於這項發明，人類得以合成化學肥料，讓農作物的產量有了飛躍性的提升。

　　另一方面，在化學反應速度方面，科學家始終未能確立一個統一的理論，形成多個理論模型並立的局面。這些理論沒有一個是完美的，但每個都抓到了某些重要的部分。

　　艾林認為，反應過程中的高能量狀態（過渡態）會決定反應速度，成功用理論推導出了原本是在實驗中導出的反應速度方程式（阿瑞尼斯方程式）。

　　馬庫斯則提出了在生物現象也扮演重要角色的電子轉移反應速度理論。整理這些理論概念，對於探索反應速度論的統一原理非常重要。

哈伯

佛列茲・哈伯（1868－1934年）／德國

生於德國西利西亞的布雷斯勞（現波蘭的弗次瓦夫）。後進入柏林大學、海德堡大學學習有機化學。1891年在柏林工業大學取得有機化學博士學位。1894年進入卡爾斯魯爾理工學院擔任助手，因編寫的電化學和氣體反應教科書頗受好評而升任私人講師。1901年根據化學平衡論開始研發用氮分子合成氨的方法。1906年升任教授，1912年就任新成立的物理化學和電化學威廉皇帝研究所所長。1918年獲頒諾貝爾化學獎。

哈伯-博施法

在**工業革命**之後，歐洲的人口劇增，用於生產糧食的肥料面臨短缺。尤其是**氮肥原料**的硝石（主要產地為南美智利）供應量鄰近極限，促使德國開始尋找其他的生產方法來生產肥料原料的氨。

在這樣的背景下，哈伯在1908年開發出了用高溫高壓促使氫和氮發生反應來製**氨**的方法。1913年，博施利用哈伯想出的方法成功在工廠量產氨。博施的方法是先用**哈伯法**製造出氨，再用冷卻液化的方式把氨提取出來，讓沒有反應的氫和氮繼續循環利用。這種方法後來被稱為「**哈伯-博施法**」。

氨理論上可由$3H_2 + N_2 \rightarrow 2NH_3$的反應產生，但因氮氣分子非常穩定，所以必須達到1000℃的高溫才能使這個反應進行。然而，在這種高溫下氨在生成出來後很快就會分解，所以生產效率非常低。

因此，哈伯想到或許可以不改變溫度，而是改變壓力。結果他在175大氣壓的微高壓環境下，成功用550℃的反應溫度讓反應發生。

當時他為了加快反應速度，嘗試了很多種催化劑，最後發現銥和鐵等金屬最有效。

另外，哈伯還注意到反應溫度愈低，氨的產生量就愈高。但因為是發熱反應，所以雖然溫度愈低愈容易產生生成物，但相對地反應速度也會變慢。因此，哈伯才開始尋找可加快反應的催化劑，而他發現的合適物質就是**銥金屬**。

催化劑在化學反應的過程中本身不會發生變化，可提供特殊的反應途徑來加速反應，但不會改變反應的平衡*組成。換言之，平衡常數K不會改變。K的值完全由溫度和標準吉布斯能ΔG決定。而ΔG又完全由反應物和生成物的種類決定，故催化劑雖然提供了新的反應路徑，但不會改變ΔG的值，所以K值也不變。

哈伯掌握了化學平衡的本質，成功提升氨的產量。換言之，他通過提高反應系統的壓力，以及冷卻、去除所生成的氨，讓平衡往氨（生成物）的方向移動。

而博施則是實際研發出生產裝置的工

---

*平衡

化學反應的正逆反應速率相等，反應看似中止不動的狀態。當濃度、溫度、壓力改變時又會轉換到新的平衡狀態。

程師。他不僅發現了以鐵為主原料的廉價催化劑，還製造出可承受可能會腐蝕金屬之高壓的裝置。現在全世界都還在使用哈伯-博施法製氨。哈伯-博施法的成功是基礎化學推動工業發展的代表性案例，也是科學家和工程師攜手合作的良好範例。

外溢效應

作為糧食生產的肥料，氨的重要性不言而喻。而人類能大量生產氨，都得感謝哈伯-博施法的發明。

哈伯在第一次世界大戰時曾參與製造**毒氣武器**，但本身也是猶太人，曾遭受希特勒的迫害而遇到各種困難，但不可否認他也留下了偉大的成就。他曾任職威廉皇帝研究所後來也改名為佛列茲哈伯研究所，以紀念他的貢獻。

哈伯-博施法

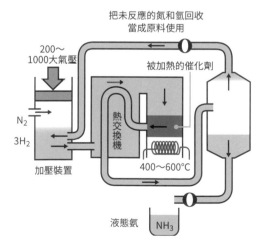

把未反應的氮和氫回收
當成原料使用

200〜
1000大氣壓

被加熱的催化劑

N₂

3H₂

熱交換機

加壓裝置

400〜600°C

液態氨　NH₃

跟哈伯合作研究過的博施

卡爾·博施（1874-1940年）是將哈伯研發的人工製氨方法商業化的人。博施在萊比錫大學攻讀有機化學，1898年取得學位後，他開始學習工程技術，進入當時世界最大的綜合化學製造商巴斯夫（BASF）公司工作。1913年博施成功將哈伯的氨合成法商業化，並進一步開發出用水煤氣製氫的博施法。在1931年拿到諾貝爾化學獎。

哈伯訪日的目的：
1924年秋季的2個月

1874年，哈伯的祖父路德維希·哈伯在擔任德國的代弁領事駐留函館時，遭到排外主義的舊秋田藩士斬殺。1924年哈伯來訪日本，此行的目的是走訪祖父的遇害之地，以及訪問曾出資援助過自己的星一（星製藥社長，星藥科大學的創辦人）。當時的嚮導正是曾留學哈伯實驗室的田丸節郎。

當時正是關東大地震後一年，而哈伯在兩年前就被愛因斯坦（被當成發現相對論的英雄而受到熱烈歡迎）推薦去日本走一趟。結果被各大報用毒氣博士訪日的標題炒作了一番。

9

反應速度

與第一次世界大戰的關聯和悲劇

哈伯成功開發出人工合成氨的方法，對肥料產量的提升有很大貢獻。但另一方面，哈伯也參與了可用氨的氧化來生產的火藥原料——硝酸的製造工作。此外，他也曾向德國政府提議使用氯來製造毒氣武器，存在負面形象。

最令人悲嘆的是，哈伯的妻子，同時也是一位優秀女性科學家的克拉拉·伊梅瓦爾極度反對哈伯研究化學武器，在德軍於1915年4月22日的第二次伊珀爾戰役使用毒氣武器的10天後，就用哈伯的手槍自盡了。

第一次世界大戰後的1924年，哈伯跟第二任妻子夏洛特一起環遊世界後，接受星一的邀請在日本逗留了3個月，並在日本各地演講。此外他還造訪了曾在哈伯實驗室留學過的田丸節郎於鎌倉的宅邸。照片中被抱在田丸夫人懷裡的嬰兒就是已故的東京大學名譽教授田丸謙二。

訪問位於鎌倉的田丸一家的哈伯夫妻和田丸節郎夫妻（1924年）

哈伯歷經波瀾的人生

儘管一生為國家奉獻，哈伯最後卻因希特勒對猶太人的迫害而逃到瑞士，最終在巴塞爾客死異鄉，跟因反對他研究毒氣而自盡的第一任妻子克拉拉一同葬於此地。

哈伯之墓

小故事

哈伯和阿瑞尼斯的關係

在第一次世界大戰中敗北後，德國支付了一筆天價的賠償金，且其中四分之一必須以金磚支付。而哈伯相信了阿瑞尼斯認為可提取海水中微量黃金的說法（每公噸海水中約含有6毫克黃金），在1920年嘗試自行在從漢堡到紐約的航行中採集黃金。不僅如此，他在1923年時於阿根廷一帶航行時又做了一次。但實際上1公噸海水只提煉出0.009毫克黃金，以失敗收場。

勁敵能斯特

1904-1905年，在哈伯正嘗試人工合成氨時，主張化學平衡論的能斯特卻跳出來批評哈伯的實驗數據。儘管能斯特也曾主張在第一次世界大戰中使用化學武器的必要性，但他並沒有研發成功，實際投入戰場的是哈伯的氯毒氣。儘管兩人堪稱一生的對手，但在1919年的哈伯研討會（招待科學界各領域學者前來發表自己研究成果的聚會，由哈伯舉辦）中，能斯特也跟愛因斯坦和波耳等人一同受邀出席。

———— 同為德國人的哈伯和能斯特是一生的勁敵 ————

佛列茲·哈伯
生於現今的波蘭（1868-1934年）。

瓦爾特·能斯特
生於現今的波蘭（1864-1941年）

奧士華實驗室的助手職務

猶太裔
曾二度應徵奧士華實驗室的助手，但遭到拒絕。

非猶太裔
被聘任為奧士華實驗室的助手。

歷經卡爾斯魯爾理工學院教授職後，成為物理化學和電化學威廉皇帝研究所（現佛列茲·哈伯研究所）所長（柏林，達勒姆）。

歷任哥廷根大學物理化學與電化學研究所所長，後成為柏林大學物理化學研究所的所長。

電化學系統的研究

因研究氧化還原的電化學反應、將硝基苯變成苯胺的電解還原、電化學檢測計和鐵的腐蝕機制研究而留名。

提出奠定熱力學基礎的電化學平衡電位方程式（能斯特方程式），至今仍是電化學的基本公式。

合成氨

成功，且至今依然被全球使用。

做過理論性研究，但實際合成失敗。

製造毒氣

製造氯氣，在第一次世界大戰中奪走許多士兵的生命。

以初期製造負責人的身份參與。

諾貝爾化學獎

1918年
成功從元素合成氨而得獎。

1920年
因對熱力學的貢獻而得獎。

艾林

亨利・艾林（1901－1981年）／墨西哥→美國

生於墨西哥北部，但小時候就因墨西哥革命而流亡至美國。從亞利桑那大學畢業後，又進入加州大學柏克萊分校攻讀博士，於1927年取得博士學位。1935年入籍美國。曾擔任普林斯頓大學教授，後轉任猶他大學研究所院長。提出了用純理論計算化學反應速度的絕對速率理論。

過渡態

要使化學反應進行，有時會需要用加熱等方式給予能量。例如，要讓碳（碳元素）跟空氣中的氧反應形成二氧化碳，必須先用火柴等工具點火引起燃燒現象，也就是經過圖1中的高能量狀態。這個高能量的狀態就叫做**過渡態**。

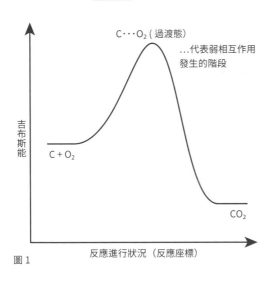

C···O₂（過渡態）

…代表弱相互作用發生的階段

吉布斯能

C + O₂

CO₂

反應進行狀況（反應座標）

圖1

著眼於過渡態的化學反應速率

艾林認為化學反應速率是由過渡態決定的。如圖2所示，在A和B反應時先經過過渡態C‡（注）才會形成生成物的化學反應可寫成：

$$A+B \rightleftarrows C^{\ddagger} \rightarrow 生成物 \quad （1）$$

起始物（A和B）轉移到過渡態C‡的

反應，跟由過渡態C‡變回起始物的反應勢均力敵（處於**化學平衡**）。

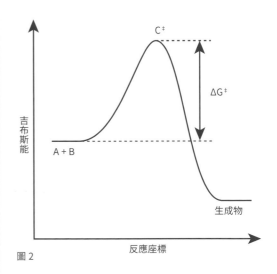

C‡

ΔG‡

吉布斯能

A + B

生成物

反應座標

圖2

已知化學反應的速率跟起始物的濃度成正比。由A和B到過渡態C‡的反應，跟過渡態C‡回到A和B的反應速率，可用A、B、C‡的濃度 [A]、[B]、[C‡] 表示（k_1 和 k_2 是俗稱速率常數的值）。因為這2個速率相等，所以：

$$k_1 [A] [B] = k_2 [C^{\ddagger}] \quad （2）$$

然後 $K^{\ddagger}$（**平衡常數**）可表示成：

$$K^{\ddagger} = \frac{k_1}{k_2} = \frac{[C^{\ddagger}]}{[A] [B]} \quad （3）$$

是一個固定值。

另一方面，對於形成生成物的反應速度r，若以起始物（A和B）的反應速率常數為k，過渡態C‡的反應速率常數為 $k^{\ddagger}$，

則 r 可以表示成：

$r = k[A][B] = k^‡[C^‡]$　（4）

故由式（3）和式（4）可得出

$k = k^‡K^‡$　（5）

可知由起因於過渡態的 $K^‡$ 和 $k^‡$ 可求出以起始物（A和B）的速率常數 k。

求反應速率的艾林方程式

艾林接著認為在過渡態 $C^‡$ 中形成的一個化學鍵會分裂形成生成物。由 $C^‡$ 到生成物的反應速率，等於我們所關注的化學鍵斷裂的速度，且艾林認為其速率常數 $k^‡$ 跟化學鍵的振動次數（1秒內伸縮的次數）成正比。詳細方法在此省略（有興趣的請見右邊的「發展」一項），總之艾林用量子力學和統計力學導出了可計算（著眼於起始物時的）速率常數 k 的**艾林方程式**：

$$k = \frac{\kappa\, k_B T}{h} \exp\left(-\frac{\Delta G^‡}{RT}\right)$$　（6）

這裡 κ 是化學鍵斷裂的比例（傳輸係數），k_B 是波茲曼常數，h 是普朗克常數，$\Delta G^‡$ 是起始物和過渡態之間的吉布斯能差（圖2），T 是溫度。這跟先前在實驗中導出的**阿瑞尼斯方程式**本質上是相同的。

（注）　代表過渡態。

艾林方程式的推導方法

從過渡態 $C^‡$ 到生成物的反應速率，即是所關注的化學鍵斷裂速率，其速率常數 $k^‡$ 跟化學鍵的振動數（1秒內伸縮的次數）ν 成正比，可表示為：

$k^‡ = \kappa\, \nu$　（7）

根據量子力學，振動的能量用普朗克常數表示為：

$E = h\nu$　（8）

同時，已知根據統計力學，振動的熱能可用波茲曼常數 k_B 和溫度 T 表示為：

$E = k_B T$　（9）

所以由式（7）～（9）可導出：

$$k = \frac{\kappa\, k_B T}{h}$$　（10）

將此式帶入式（5），則起始物質（A和B）的速率常數 k 即是：

$$k = \frac{\kappa\, k_B T}{h} K^‡$$　（11）

然後根據熱力學理論，活化吉布斯能（等溫等壓過程中的能量）$\Delta G^‡$ 跟溫度 T、氣體常數 R 之間存在

$-RT \log_e K^‡ = \Delta G^‡$　（12）

的關係。因此，可求出速率常數 k 為：

$$k = \frac{\kappa\, k_B T}{h} \exp\left(\frac{\Delta G^‡}{RT}\right)$$　（13）

馬庫斯

魯道夫・亞瑟・馬庫斯（1923年－）／加拿大→美國

生於加拿大的蒙特婁，1946年取得麥吉爾大學博士學位。之後移居美國，在1958歸化。致力從事與化學反應相關的研究，1992年建立了有關溶液中電子轉移反應的馬庫斯理論，因而獲頒諾貝爾化學獎。現為加州理工學院的教授。

分子間的電子轉移

分子間的電子轉移反應在化學反應中扮演極其重要的角色。這是所有生物能量生成時的必經過程，例如酵素反應和光合作用就涉及電子轉移。因此，弄清楚主導電子移動反應速率的因子非常重要。

溶劑內的電子從**電子供體**（donor）D轉移到**電子受體**（acceptor）A的過程可理解如下：

$$D + A \rightarrow D{\cdots}A \rightarrow D^+{\cdots}A^- \rightarrow D^+ + A^- \quad (1)$$

其中，…代表弱交互作用發生的階段。馬庫斯認為其中

$$D{\cdots}A \rightarrow D^+{\cdots}A^- \quad (2)$$

　　狀態I　　　狀態II

的部分所花的反應時間最多，決定了整體的反應速率。換言之狀態I移動到狀態II時的反應速率會決定電子轉移反應全體的反應速率。

計算電子轉移的反應速率

馬庫斯認為各狀態的吉布斯能如圖1所示。其中，ΔG_0是狀態I和狀態II各自的最穩定狀態的能量差。要使電子因電子轉移反應從狀態I移動到狀態II，必須跨

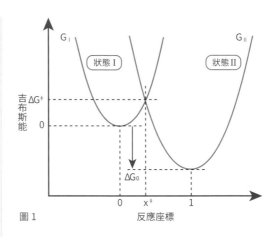

圖1　　　　　　　　　　　　反應座標

越 $\Delta G^{\ddagger}$ 這座巨大的能量壁，而其大小又由 ΔG_0 的值決定。

所以我們可由反應速率公式，也就是阿瑞尼斯方程式和 $\Delta G^{\ddagger}$ 的值，算出從狀態I轉移到狀態II的反應速率。這裡省略詳細的計算（有興趣的人請見「發展」一項），總之反應速率會隨 ΔG_0 的大小變化，如圖2所示在中間達到最大。

這意味著當從狀態I轉移到狀態II時的**能隙**（$-\Delta G_0$）太大或太小，都會使得反應速率變慢。而使之穩定所需的能量太大，導致電子轉移速度變小的區域叫做**反轉區**（inverted region）。

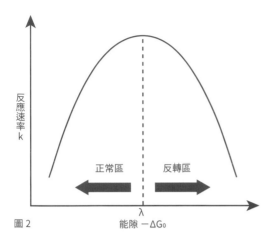

圖2

反應速率 k

正常區 　反轉區

λ

能隙 −ΔG₀ → 能隙 $-\Delta G_0$

觀測到反轉區證實馬庫斯理論的正確性

馬庫斯在1956年發表這個理論時，因為實在太過前衛，使得很多人都無法理解，而且當時在經驗上已經知道當能隙愈大時，反應速率就會愈快，所以馬庫斯的理論並未得到大多數人接受。

直到1984年，Miller J.R.、Calcaterra L.T.、Close G.L.等人讓電子供體和各種電子受體跟不易變形的類固醇結合，在保持一定距離的狀態下測量電子轉移的速度，觀測到反轉區（圖3），才證明了馬庫斯的理論是正確的。

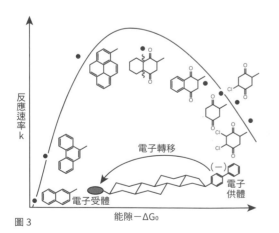

圖3

反應速率 k

電子轉移

電子受體　　電子供體

(−)

能隙 $-\Delta G_0$

▼發▽展▼

計算電子轉移反應速率的方法

假設圖1中狀態I、II的吉布斯能分別表示為：

$$G_{I} = \lambda x^2 \quad (3)$$

$$G_{II} = \Delta G_0 + \lambda(x-1)^2 \quad (4)$$

其中 ΔG_0 如圖所示，是 G_I 和 G_{II} 之最穩定狀態的差（$\Delta G_0 < 0$），其絕對值叫做能隙。x是反應座標，在狀態I中x=0，狀態II中x=1。λ叫重組能，即狀態II中使 $D^+ \cdots A^-$ 發生，使D和A周圍的溶劑改變方向所需要的能量。

要使系統從狀態I轉移到狀態II，必須跨越途中的反應障壁 $\Delta G^{\ddagger}$。這個活化吉布斯能 $\Delta G^{\ddagger}$ 的值可用式（3）、（4）求出：

$$x = \frac{1}{2}\left(1 + \frac{\Delta G_0}{\lambda}\right) \quad (5)$$

$$\Delta G = \frac{\lambda}{4}\left(1 + \frac{\Delta G_0}{\lambda}\right)^2 \quad (6)$$

將此值代入阿瑞尼斯方程式，可求狀態I轉移到狀態II的反應速率常數k：

$$k = A exp\left(-\frac{\Delta G^{\ddagger}}{RT}\right)$$

$$= A exp\left\{-\frac{\lambda}{4RT}\left(1 + \frac{\Delta G_0}{\lambda}\right)^2\right\}$$

（7）

將此反應速率常數（k）相對於能隙（$-\Delta G_0$）的值化成座標（圖），就能得到如圖2之 $-\Delta G_0 = \lambda$ 時為最大值的圖。

9

反應速度

10 化學鍵

凱庫勒
(1829-1896年)

提出化學鍵的鍵結（化合價）概念

路易斯
(1875-1946年)

提出化學鍵鍵結擁有一個電子對（共價鍵）的概念

鮑林
(1901-1994年)

用量子化學解釋化學鍵。提出混成軌域、共振理論等

人類史中最早發現的元素也許是碳，也可能是金。之所以說「也許」，是因為用近代化學的觀點回顧，早在人類建立起元素這個概念前就已經發現並開始使用這些物質，只是不確定具體的發現時間而已。

對於物質是如何組成這問題，從古希臘時代的泰利斯、德謨克利特、亞里斯多德等形象化的直觀理解，到17世紀近代科學理論建立以前，幾乎沒有什麼長足的進展。

然而，人類通過發現和利用身邊的物質，對物質的認識有了很大的演變。尤其是對「黃金」的渴望自古以來就從未消失，譬如中世紀～近代早期（～ 17世紀）發展出試圖把水銀變成黃金的「鍊金術」。

就連發現萬有引力的物理學巨人牛頓（1642-1727年）也曾埋頭研究鍊金術。鍊金術的理論本身雖然在科學上不正確，但人類在研究鍊金術的過程中得到的龐大知識、實驗方法、技術、實驗器材等遺產，卻對近代科學的建立有極大幫助。隨著氫和氧等基本元素陸續被發現，這個時代的人類對「物質組成」的理解快速加深。

在知道物質的組成單位是原子後，科學家開始進一步思考為什麼原子和原子會黏在一起，以及黏在一起的原子能不能替換成其他原子等等問題。原子和原子黏在一起的狀態叫做「化學鍵」，現在人們已經漸漸認識這種奇妙的狀態。

凱庫勒提出了原子具有化學鍵結（化合價）的概念。**路易斯**接著提出化學鍵結的本質其實是一對電子（共價鍵）的理論，**鮑林**則用量子化學來解釋化學鍵，提出混成軌域和共振理論等概念，建立了現代化學。

凱庫勒

弗里德里希‧奧古斯特‧凱庫勒‧馮‧斯特拉多尼茨（1829 － 1896 年）／德國

凱庫勒出生於德國，原本在吉森大學讀建築學，但在二年級聽完當時身為有機化學權威的李比希的講座後大受感動，決定改唸有機化學。為此一度退學，並重考了一次吉森大學。畢業後留學巴黎跟隨杜馬學習化學鍵型態的學說後，又回到李比希的研究室取得博士學位，在 1856 年時成為本生實驗室的講師，之後又擔任海德堡大學、比利時根特大學、波恩大學的教授。

發現甲烷

凱庫勒對化學鍵的認識始於碳化物的研究。**甲烷**是最基本的碳化物之一，也是天然氣的主成份，由 1 個碳原子和 4 個氫原子組成。

甲烷的發現者是因發明最早的電池（鋅銅電極）而聞名的義大利科學家**伏打**（p.70），有一次他搜集了位於義大利和瑞士中間的馬焦雷湖沼澤冒出的氣泡，發現氣泡中的氣體可以被電火花點燃。而這種氣體就是甲烷（1776 年）。

碳有 4 個鍵結：化合價理論

19 世紀初葉，物質是由分子為單位所組成的概念已經相當普及，因此科學家們自然而然地開始好奇多個原子是如何黏在一起組成分子，也就是化學鍵的原理。在所有含碳的有機化合物中，最具代表性的分子有甲烷（CH_4）、**乙烷**（C_2H_6）、**乙烯**（C_2H_4）、**苯**（C_6H_6）等等。

而凱庫勒正是生在這個年代。凱庫勒剛開始研究碳化物不久，就提出了碳具有 4 個鍵結的想法（1858 年）。例如，甲烷（CH_4）的碳可以跟 4 個原子結合，而氫可以跟 1 個原子，鹵素也可以跟 1 個原子，氮可以跟 3 個原子結合。這個可結合的鍵結數量就叫**化合價**。

不僅如此，凱庫勒還提出了**雙鍵**的概念。凱庫勒主張，原子之間的鍵結不一定只有 1 條，跟某些對象結合時可能會有 2 條，例如他認為碳原子和碳原子結合成乙烯（圖 1）時應該會有 2 條鍵結。

理由是若乙烯（C_2H_4）的碳原子之間只有 1 條鍵結，那彼此就會空出 1 個多餘的鍵結，所以他認為碳原子之間應該有 2 條鍵結。

2 個原子之間的鍵結（化學鍵）通常用線來表示，例如 1 個鍵結（單鍵）就畫 1 條線，2 個鍵結（雙鍵）就畫 2 條線。

碳（C）有 4 個鍵結

乙烷中的單鍵

乙烯中的雙鍵

圖 1 左起分別是甲烷、乙烷、乙烯的化學鍵

提出苯的環狀結構：從夢中得到的靈感

凱庫勒的另一個偉大成就，就是解開了苯的環狀結構。

凱庫勒發現，在各種有機化合物中，脂肪族化合物大多是呈現鎖鏈般的結構，由碳原子串起來（1854年），但遇到碳原子比例太高的芳香化合物時，就沒辦法用碳的鏈狀結構來說明。

例如芳香化合物的代表——**苯**是由6個碳和6個氫（C_6H_6）組成的，若用鏈狀結構來解釋其結構，會發現它的氫原子數量太少。然而，凱庫勒轉換思考方向，想出了由6個碳繞成的環狀結構（六角環），漂亮地解釋了苯的結構（1865年）。

後來另一位化學家提艾利提出了另一種苯分子結構的表示法，並被第三位化學鍵理論的巨人**鮑林**的**共振理論**採納。六角環中間的虛線圓形現在已改用實線來畫。

凱庫勒　　　　提艾利
（1865年）　（1899年）

圖2 苯分子結構的表示法

(((外溢效應)))

凱庫勒的化學鍵結概念後來被證明是正確的，現在一般稱為「**化合價**」。

凱庫勒發現「化合價」、「脂肪族化合物的鏈狀結構」、「苯（芳香化合物的代表）的六角環結構（又稱凱庫勒結構）」等成就，奠定了後來**有機化學**的發展基礎，可說是貢獻超群。

小故事

話說回來，凱庫勒到底是如何想出之前從未有人想到的六角環結構呢？

1890年，德國化學學會舉辦了紀念凱庫勒發表六角環結構25週年的慶祝會。凱庫勒在這場紀念演講上自述，當時他在比利時根特大學任教，有一次坐在火爐前編寫教科書時不小心打了個瞌睡，夢到碳原子像一條咬著自己尾巴的蛇（俗稱銜尾蛇：見下圖）一樣串在一起的夢，才想出了苯的環狀結構。

而且脂肪族化合物的鏈狀結構也一樣，是凱庫勒在1854年來到倫敦時，坐在馬車上打瞌睡時做夢夢到的。雖然這個故事到底是真是假存在一些爭議，但既然本人都這麼說了，想來應該不會有錯才對。

所以說科學家也是要「有夢想」的啊！

銜尾蛇：吞食自己尾巴的蛇
象徵無始無終的完美存在

路易斯

吉爾伯特・牛頓・路易斯（1875－1946年）／美國

美國物理化學家，在哈佛大學取得博士學位後，前往德國萊比錫大學跟隨奧士華、在哥廷根大學跟隨能斯特學習。除發現了共價鍵外，還在很多領域都留下亮眼的成就。路易斯跟對「原子」抱有懷疑態度的能斯特意見不合，據說一生都對未能獲得能斯特認同抱有心結。在其出生的故鄉麻塞諸塞州韋茅斯有一條以其姓名命名的大道G.N. Lewis Way。

鍵結中有2個電子：共價鍵的發現

　　路易斯進一步深化了**凱庫勒**的「鍵結」理論，認為鍵結是電子的結合。路易斯深入思考了電子在原子中的位置。路易斯認為電子不是像波耳的原子模型描述的那樣，在原子核的周圍隨意繞行，而是有8個電子穩定地待在原子的最外層（**八隅體規則**），而鍵結其實就是電子。

　　換言之，他認為互相結合的不同原子各有一個多出來的電子當鍵結，可以跟結合對象鍵結的1個電子組成一對，彼此共享（1916年）。

　　歐文・朗繆爾（1881 1957／美國，1932年的諾貝爾化學獎得主）很快就認同了這個理論，並將之取名為「**共價鍵**」。路易斯用點來代表電子的電子式很快就普及開來，直到現在仍被廣泛用來描述化學鍵。

　　甲烷的4個鍵結全都是跟其他原子共享電子，但水（H_2O）的氧原子中不與其他原子結合的鍵結自己就有2個電子。這叫做**孤電子對**（圖1）。

原子（atom）、分子（molecule）、離子（ion）

　　這3者有什麼不一樣呢？

　　原子是由電子和原子核組成。分子是物質能保有化學性質且為電中性的最小單位，基本上大多如同亞佛加厥的設想，是由多個原子組成（多原子分子）。然而，也有像以氦氣（He）為首的惰性氣體這種只有1個原子的分子（單原子分子）。

　　而離子則是原子或分子失去一個電子（如鈉離子（Na^+））或得到一個電子（如硫酸根離子（$SO_4{}^{2-}$））所形成的帶電粒子。

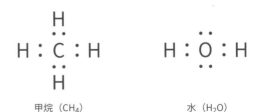

甲烷（CH_4）　　　　　　　水（H_2O）

圖1 甲烷和水的化學鍵

離子鍵

英國化學家漢弗里・戴維（p.50）在對各種物質進行電解實驗後，獨自發現了鈉、鉀、鈣、鎂、硼、鋇等6種元素。除此之外，他還提出了物質內的結合應與正電荷和負電荷有關的電化學假說（1806年）。後來瑞典科學家永斯雅各布・貝吉里斯（1779-1848年）進一步發展這個概念，將元素分為電陽性和電陰性，認為化學結合就是電荷相反的原子互相吸引的結果（電化二元論：1811年）。此理論後來成為離子價概念的原型。

(((外溢效應)))

共享一對電子的化學結合，也就是路易斯的共價鍵理論，後來推動了鮑林發展出混成軌域和價鍵理論（p.116）。除此之外，路易斯還建立了酸和鹼的總括性理論。他根據過去阿瑞尼斯（p.66）對酸（H⁺）和鹼（OH⁻）的定義，進一步深化布侖斯惕-洛瑞（約翰內斯・尼古勞斯・布侖斯惕〈1879-1947年〉，丹麥人；湯馬斯・馬丁・洛瑞〈1874-1936年〉，英國人）酸鹼理論（釋放H^+的是酸，能接受OH^-的是鹼），將酸定義為提供電子對（2個電子）的分子，將鹼定義為接收電子對的分子，建立了「路易斯酸鹼理論」。不僅如此，他還成功分離出重水、提出化學熱力學中的活性度概念、發現激發態的三重態、以及創造了"光子（photon）"一詞，貢獻不計其數。

小故事

路易斯在近代化學史這麼多的領域都留下了具有獨創性的成就，可謂是稀世的天才化學家。

儘管他的成就即使拿個4、5次諾貝爾獎也沒什麼好驚訝的，但不可思議的是他從29歲起連續被提名41次，卻一次也沒有得獎。然而曾受過路易斯指導或影響的尤里（1934年）、吉奧克（1949年）、西博格（1951年）、利比（1960年）、卡爾文（1961年）等化學家們都陸續成為諾貝爾獎得主。

有一說認為這跟路易斯和能斯特之間的糾葛有關，算是科學史上的不可思議故事之一。

鮑林

萊納斯・卡爾・鮑林（1901－1994年）／美國

生於俄勒岡州的波特蘭市。從俄勒岡農學院畢業後，進入加州理工學院攻讀碩士。曾跟隨羅斯科・迪金森學習，以研究X射線繞射晶體結構測試的相關論文拿到物理化學和數學物理博士學位。1954年獲頒諾貝爾化學獎，1962年獲頒諾貝爾和平獎，兩次都是唯一得主。

用量子化學理解甲烷的化學鍵

在凱庫勒發現了碳有4個鍵結（1858年）後，荷蘭的凡特荷夫推論甲烷的結構應該是以碳原子為中心的正四面體（1874年），接著路易斯又提出化學鍵是兩個原子共享一個電子對的理論（1916年）。之後研究繼續往前推進，日本的仁田勇（1899-1984年）用X射線結構分析發現碳的化學鍵角度是109度，證明了凡特荷夫的假說（1927年）。在此期間，薛丁格導出了波動方程式（1925年），讓量子力學開花結果，而海特勒-倫敦共價鍵學說則用量子力學解釋了氫分子的結合（1927年），用量子力學來研究化學的「量子化學」逐漸崛起。

混成軌域的概念：價鍵理論的完成

此時鮑林出現了。根據量子化學的理論，碳的化學鍵中的4個電子，分別在球形的2s，朝x、y、z軸方向延伸的$2p_x$、$2p_y$、$2p_z$軌域上運動（圖1）。

假如這4個鍵結在這些軌域上各分配1個電子，與結合對象軌域上的1個電子組成共享的電子對，那麼由於x、y、z軸互相垂直，所以碳的鍵角也應為90度。然而，實際上如同仁田勇在X射線結構分析中發現的，這個角度卻是109度（圖2）。

鮑林曾跟隨阿諾・索末菲、尼爾斯・波耳、以及埃爾溫・薛丁格等人學習量子

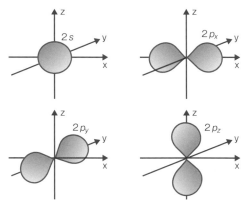

圖1 碳原子最外層的電子軌域

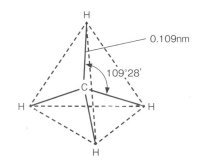

圖2 以4個氫（H）為頂點的甲烷（CH_4）的正四面體結構，與位於重心的碳原子鍵角。

力學，再回到美國後，他開始深入思考如何將量子力學應用在化學中。1930年代，鮑林提出了混成軌域概念，解釋了碳化學鍵的1）4個鍵結的電子軌域、2）正四面體結構、3）109度的鍵角等所有性質（1939年）。

他認為不應把2s、$2p_x$、$2p_y$、$2p_z$這4個空間方向性各異的軌域分開來想，實際上碳原子的價電子軌域是由這4個軌域混合而

成的4個對等軌域。這個叫做混成軌域。

以碳原子來說，是由1個2s軌域和3個2p軌域混合成4個sp³混成軌域。這4個軌域彼此之間的鍵角是109度，在空間中形成正四面體，每個sp³軌域上各有1個電子，可跟其他原子提供的1個電子結合一個共用的電子對。

自鮑林、凡特荷夫、凱庫勒、路易斯一路發展下來，科學家對化合價的鍵結（俗稱價鍵）的理解在量子化學的詮釋下得到進一步升華，終至大成。

共振理論

凱庫勒提出了6個碳原子的環狀結構來解釋苯（C_6H_6）分子的結構，但這種跳著畫的雙鍵就如圖3可見，可以有往左畫和往右畫兩種畫法。凱庫勒認為苯分子會在這兩種結構間快速變換，而鮑林則依據量子化學的思路，認為這兩種結構其實是一樣的，導入為電子運動會互相重疊的共振概念。約翰內斯 提艾利（1865-1918年）對於苯分子結構提出了如圖3右邊的另一種畫法（1899年）。根據鮑林的共振理論，目前認為這兩種表示法都是正確的。不過提艾利畫法環中的虛線要改用實線來畫。

苯分子（C_6H_6）的
凱庫勒結構

提艾利（1899年）
提出的結構

圖3 苯分子結構的表示法

電負度

除此之外，鮑林還主張離子鍵（p.115）和共價鍵只是結合之原子彼此的電子相吸力道不同，結合的方式其實完全相同。他將兩個原子的電子吸引能力稱為電負度，提出用鍵能來計算電負度的公式和電負度表。

雖然後來馬利肯（p.160）改從別的角度來定義電負度，但兩種方式算出來的值幾乎一致。

(((外溢效應)))

混成軌域理論漂亮地解釋了甲烷的化學鍵。而帶雙鍵的乙烯（鍵角120度）同樣可用2s、$2p_x$、$2p_y$這3個軌域混成的3個sp²混成軌域的平面結構來理解；帶三鍵的乙炔（鍵角180度）則可用2s和2px這2個軌域的2個sp混成軌域的直線結構來理解（圖4）。

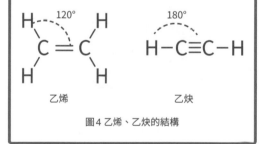

圖4 乙烯、乙炔的結構

小故事

鮑林在近代化學留下了不朽的偉業，但他從華盛頓高中報考俄勒岡農學院時，雖然分數有達到入學標準，但出席率卻因為必須打工分擔家計而沒有達標。由於沒有拿到必修的美國史2學分，鮑林無法拿到高中畢業證書。直到42年後第二次拿到諾貝爾獎（和平獎）後（1962年），鮑林才終於拿到了高中畢業證書。

如何理解化學鍵

3種看似不一樣的化學鍵，其實都可以用同一種方法來理解。在高中化學課程中，化學鍵被分為三個大類（**共價鍵、離子鍵、金屬鍵**），並定義為「共價鍵是2個原子共享一個電子對的化學鍵；離子鍵是陽離子和陰離子因庫侖力（靜電力）結合的化學鍵；金屬鍵是自由電子在金屬原子間自由遊走結合的化學鍵」。

這三種化學鍵被描述成不一樣的東西，也許有些人會對此感到不可思議，並因此以為「化學就是靠死背」。然而，其實這三種看似不一樣的化學鍵可以用同一種方式來理解。下面就讓我們用這個方法來看看最基本的氫分子（H_2）的共價鍵。

原子是由帶正電（＋）的原子核和帶負電（－）的電子組成。因為正負電會互相吸引，所以電子會被原子核吸住，在原子核周圍移動。由於無法離開原子核太遠，所以電子就像被關在一個狹小的箱子（實際上是一個形狀像牽牛花朝上開的盒子）

內。被關在這個狹窄空間中的電子會遵循量子力學來移動。在量子力學中，能量是由這個箱子（可移動的範圍：行動範圍）的大小決定（**量子化**），箱子愈大則電子的能量愈穩定。氫原子之間的距離愈近，箱子（電子的行動範圍）就愈大，電子的能量愈穩定。所以當氫原子之間的距離縮短，就會形成更大的箱子，使兩者變穩定。

那麼，離子鍵的代表例食鹽（NaCl）又是如何呢（圖2）？基本的理解方式跟氫分子一樣。不過有一點稍微不同，那就是氫分子是由2個相同的原子組成，而NaCl是由Na（鈉：原子核的正電荷為＋11）和Cl（氯：原子核的正電荷為＋17）這兩種不同原子結合而成，所以兩邊的箱子深度有很大差異。

原子核的正電荷愈大，吸引電子的力量愈強，對電子來說箱子的深度愈深。Na原子和Cl原子接近時，雖然對電子來說箱子變大了，但如圖2可見，箱子會出現大幅偏斜，也就是朝Cl一側歪曲。由於1個軌

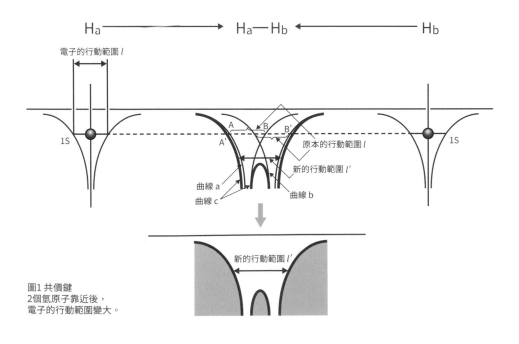

圖1 共價鍵
2個氫原子靠近後，
電子的行動範圍變大。

域可以容納2個電子，所以原本屬於Na的電子會跟Cl的電子形成電子對，進入靠近Cl一側的穩定（靠近底部）軌域上。換言之，從結果來看就是Na的電子移動到了Cl那邊，變成陽離子Na^+和陰離子Cl^-互相吸引。

那麼金屬鍵呢？例如在金屬鐵中，鐵原子（Fe）的排列非常緊密，幾乎沒有空隙。這種情況同樣可以用氫分子的情況延伸思考。因為電子的行動範圍非常大，各電子的能量非常穩定，量子化的能差也明顯消失，因此可以自由遊走。這種電子叫做自由電子（圖3）。

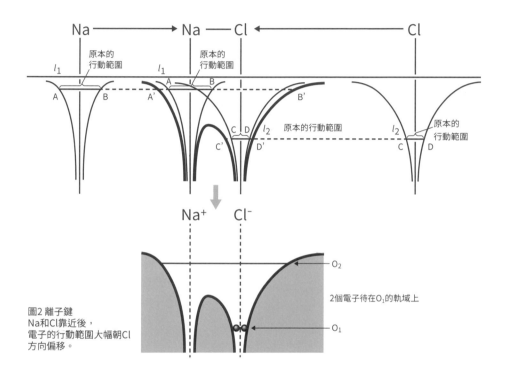

圖2 離子鍵
Na和Cl靠近後，
電的行動範圍大幅朝Cl方向偏移。

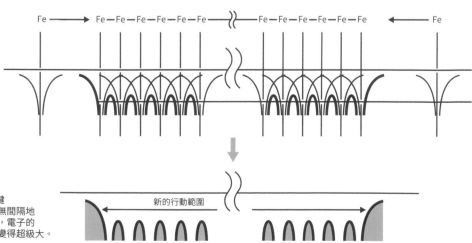

圖3 金屬鍵
鐵原子毫無間隔地緊密排列，電子的行動範圍變得超級大。

其他化學鍵

除此之外，原子之間的結合還有「**配位鍵**」和「**氫鍵**」等等。

●配位鍵

共價鍵的一種，但不是由結合的原子各出1個電子，而是由氧原子或氮原子等單方面提供2個電子來跟金屬離子結合。這種結合方式叫配位鍵，生成的化合物俗稱**錯合物**（配位化合物）。

●氫鍵：

水（H_2O）中的OH根和氨（NH_3）的NH根的氫原子，由於對電子的吸引力很強（電負度很大），會跟氧原子或氮原子結合而帶正電荷。這種氫原子跟代付電荷的水分子中的氧原子或氨分子中的氮原子形成的弱結合俗稱氫鍵。

雖然1個氫鍵的作用力只有幾kcal／mol，但DNA或蛋白質中含有大量氫鍵，所以整體的結合力很強，類似魔鬼氈那樣。

●分子和分子之間的化學鍵：

要表示理想氣體的狀態（壓力（P）、體積（V）、溫度（T）、濃度（n））時，可以使用波以耳定律（1662年由羅伯特·波以耳提出）和查理定律（1787年由雅克查理，1802年由約瑟夫·路易·給呂薩克發現）的狀態方程式（$PV = nRT$），但在處理現實氣體，尤其是在低溫狀態時，這個狀態方程式就會失效。

約翰內斯·凡得瓦（1837-1923年，荷蘭人）針對這點，提出了關於現實氣體的凡得瓦狀態方程式（1873年）：

$$\left(P = \frac{RT}{V_m - b} - \frac{a}{V_m^2}\right)$$

（V_m：莫耳體積，a、b：凡得瓦常數）

在理想氣體中，氣體狀態的分子是獨立且不會跟其他分子發生交互作用，但凡得瓦發現現實氣體的分子和分子即使是電中性下也存在弱交互作用。凡得瓦因為這項成就而在1910年拿到諾貝爾物理學獎。後來，弗里茨 倫敦（1900-1945年，德國人，後移居美國）用量子力學解釋了這個力（倫敦分散力，1937年）。

●**電荷移動**形成的化學鍵：

馬利肯透過量子力學發現（1950年），不帶電的中性分子之間，因部分電子的交互力而較容易釋出電子的分子（電子供體），跟較容易獲取電子的分子（電子受體）之間會產生弱結合力。

11 光化學

卡莎
（1920-2013年）

發現卡莎規則（多重態的分子僅能從激發態開始反應）

波特
（1920-2002年）

找到「觀測瞬間」的方法

圖羅
（1938-2012年）

建立了從分子的角度來看光化學反應的「分子光化學」

最接近我們日常生活的化學反應是什麼呢？在原始時代，答案可能是森林野火。如果試過燃燒報紙就會知道，燃燒反應只要給予熱能就會自己進行。這種反應俗稱熱反應。而除了熱反應外，也有只要照到光就會進行反應，這種反應就叫光化學反應。

其實，在地球所有正在進行的化學反應中，光化學反應的占比才是最高的。也就是植物、藻類、菌類的「光合作用」（p.130）。

最早明確利用光來進行化學反應的學術論文，一般認為是赫爾曼·特羅姆斯多夫（Hermann Trommsdorff，1811-1884年，德國人）做的山道年的光反應實驗。然而，一直到等到20世紀初量子理論、量子力學、量子化學發展起來後，光化學反應才正式在學術界興起。

阿爾伯特·愛因斯坦（1879-1955年，德國人）發表光量子理論（「關於光的產生和轉變的一個啟發性觀點」，發表於1905年，1921年拿到諾貝爾物理學獎）後，光化學開始大幅發展。為了解釋用金屬照到光後會釋出電子的「光電效應」，愛因斯坦提出了光能會以 hv（h 是普朗克常數，v 是光的頻率）為單位進行相互作用的光量子假說。

實際上，愛因斯坦還用光的釋放和吸收的量子論推導出了光化學實驗中最重要的鐳射的原理——誘發輻射理論。

而就在此時，我們的主角出現了。**卡莎**發現了分子照到光能階上升後，僅能從激發態開始反應（**卡莎規則**）；**波特**發明了可觀測只能存在很短時間的反應中間體（觀測瞬間）的方法；**圖羅**則建立了以分子角度來理解光化學反應的「分子光化學」。於是，探究分子照到光後會發生什麼事的光化學就這麼開花結果了。

卡莎

麥可・卡莎（1920－2013）／美國
生於紐澤西州的伊莉莎白市，是烏克蘭移民之子，自密西根大學畢業後，進入加
州大學柏克萊分校跟隨基爾伯特・牛頓・路易斯學習，順利拿到博士學位。佛羅
里達州立大學分子生物物理研究所的創立者，1990年拿到波特獎章。

分子的能量狀態就像多層建築？

一如第14章「量子化學」一項會介紹的，分子中的電子就像一個微小的磁鐵。電子在自轉（spin）時就像一個向上轉或向下轉的磁鐵，這種現象叫做自旋。而電子總是傾向跟自旋方向相反的電子倆倆成對待在分子軌域上（電子組態）。

首先請看圖1的左邊。分子內容納電子的軌域中最上層的軌域叫HOMO。它的上面還有一個空的LUMO軌域。這個狀態的總能量等於每個電子的能量總和（圖1右）。如果把這個結構比喻成房子，就相當於房子的1樓。這個狀態叫做基態。那麼，當分子照到光後會發生什麼事呢？

照到光以後，分子會吸收光子的能量，使HOMO的1個電子往上飛（俗稱躍遷）到LUMO，同時分子的能量會變大，且增加量等於往上跑的那個電子擁有的能量。如果把能量比喻成房子，就像是房子的2樓。1樓和2樓的能量差等於分子吸收的光子量。這就是物質為什麼會有各種顏色：那些剩下來沒被吸收的各種顏色的光子，在被物質反射或穿透物質後進入我們的眼睛，就變成我們看到的顏色。

如果有能量更大的光子撞到分子，電子會從LUMO繼續往上跑到更高的軌域，又或是使原本在比HOMO更低軌域的電子往上跑，可能有各種情況。諸如此類吸收了光子能量的狀態若用房子來比喻，就像是3樓、4樓。電子跑到2樓以上的狀態叫做激發態，而激發態中能量最低的2樓叫第一激發態。

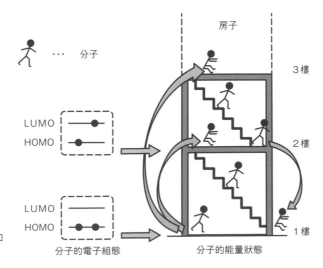

圖1
分子的電子組態和
能量狀態

分子的電子組態　　　分子的能量狀態

一定是從2樓開始：卡莎規則（Kasha's rule）的發現

那麼，若電子躍遷到3樓或4樓時，會發生什麼事呢？

其實，就像房子的每層樓之間都有樓梯連結，分子的內部也有樓梯存在。雖然分子中化學鍵振動的能量是量子化的，但高能階的分子會順著從低樓層延伸的化學鍵振動的樓梯一級一級往下降。激烈的化學鍵振動會以熱的形式釋放到分子外。換言之，吸收了大能量的光子（短波長的光）後直接跳到3樓或4樓（被激發）的分子，會利用化學鍵振動的樓梯一邊放熱一邊下降到低樓層。因為過程中放的不是光而是熱，所以這種現象叫做**非輻射失活**。卡莎對這個過程進行詳細的理論性考察，發現分子會從3樓以上的高激發態以非常快的速度透過化學鍵振動下降至2樓的第一激發態（1950年）。這就是**卡莎規則**。

在卡莎發現這項規律後，科學家用實驗中觀測到高激發態的分子實際上會在數皮秒（千億分之一秒）內迅速下降到2樓。

那麼分子在下降到2樓的**第一激發態**後又會發生什麼事呢？雖說是2樓，但第一激發態的能量相較1樓依然很高（圖2）。已知分子在某個能量狀態時的可存在機率會遵循一種名為**波茲曼統計**的統計熱力學。例如，黃綠色的光帶有約50kcal／mol的光子能量，假設分子的1樓基態的存在機率為1，那麼在被這個光子激發到50kcal／mol的2樓（第一激發態）後，我們可以算出此分子的存在機率將只有$4×10^{-37}$。幾乎等於零。

換言之，在統計熱力學上分子幾乎不可能待在2樓的第一激發態。因此，我們可以假定激發態的分子會立即回到基態。而分子從激發態回到基態時，不是直接往下跳（此時會放出能量等於1樓和2樓能量差的光：螢光），就是走樓梯一邊放熱一邊回到基態（非輻射失活）。停留在2樓的第一激發態的時間僅有1毫微秒（10億分之1秒）～數百毫微秒（數百萬分之1秒）而已。

我們身邊最常見的一個例子就是反光路標。反光路標在被汽車的頭燈照到時會發光，但車燈移開後又會馬上暗下去。這是因為反光路標塗有螢光塗料，在照光時會吸收光線進入激發態，在非常短的時間內放出螢光。

卡莎規則的發現使光化學有了很大的進展。因為它讓科學家知道物質在吸收光後，一定是從2樓的第一激發態開始往上跑。而2樓以上的重要過程除了螢光和非輻射失活外，還有光化學反應。所謂的**光化學反應**，就是分子從2樓的最低激發態跳到隔壁房子，發生化學變化改變形狀。

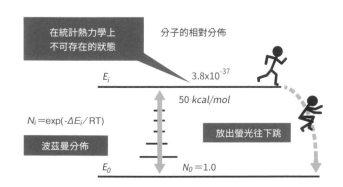

圖2
激發態的分子去向

在統計熱力學上不可存在的狀態

分子的相對分佈

E_i　　　$3.8×10^{-37}$

50 $kcal/mol$

$N_i = \exp(-\Delta E_i／RT)$

波茲曼分佈

放出螢光往下跳

E_0　　　$N_0 = 1.0$

發現夾層！：激發三重態！

除了前述的發現外，卡莎還有一項跟恩師路易斯共同發現的歷史性成就。那就是激發態中的夾層狀態（1944年）。

在過去，人們就觀察到物質在照到光後會持續發亮幾秒鐘的時間，這種現象叫做**磷光**。例如在古早時候的電燈開關末端會用細線吊著一個圓錐形的塑膠。在關燈後，這塊塑膠會在黑暗中繼續發光幾秒鐘，讓人一眼就知道開關在哪裡。這種光叫做**磷光**，跟會馬上消失的螢光是不一樣的東西。

而**路易斯**和**卡莎**發現，磷光其實是源自下面介紹的激發態三重態的發光現象。

電子具有**自旋**的性質，自旋有向上和向下2種，會使電子產生磁場，變得像個小磁鐵。而電子自旋的方向也是決定電子狀態的4個量子數之一。在基態下，電子會跟自旋方向相反的電子組成一對，進入HOMO以下的軌域。在吸收光子能量後，位於HOMO的1個電子會躍遷LUMO，此時電子會維持本來的自旋方向。

前面介紹的第一激發態跟基態具有相同的電子自旋方向。因為在激發態下，每

小故事

卡莎的興趣是彈木吉他，並根據音響學來設計傳統吉他。吉普森的Mark系列中有一個知名品牌就是卡莎吉他。很令人驚訝吧。

個軌域只有1個電子，所以電子自旋方向沒有限制，可以存在3種不同於基態的自旋狀態。路易斯和卡莎對這一點做了理論性的分析，發現還存在3種能量比自旋方向跟基態相同的第一激發態（**單重第一激發態**）略低的激發態（**激發三重態**）。

激發三重態的不同軌域**電子自旋**是相同的，跟基態的電子自旋狀態（反方向）不一樣，因此無法直接往下跳，不得不停留比較長的時間，所以磷光才得以持續比較久。激發三重態可以理解成類似樓層間的夾層。

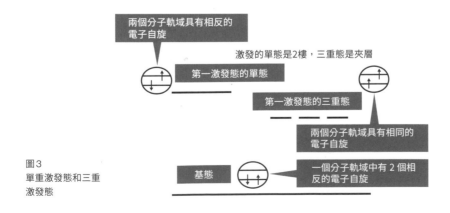

圖3
單重激發態和三重激發態

如果你無意獨力抬起一塊石頭，那就算有人幫你也一樣抬不起來。

—— 約翰・沃夫岡・馮・歌德（1749-1832年）

11

光化學

波特

喬治・波特（1920－2002年）／英國
生於南約克郡的斯坦佛斯，從里茲大學畢業後，進入劍橋大學跟隨羅納德・諾里什（1897-1978年），以光化學研究獲得博士學位。1967年，跟諾里什共同因閃光光解（Flash photolysis）技術的研究拿到諾貝爾化學獎。1972年受封騎士，被尊稱為「波特爵士」，又在1990年被冊封為肯特郡陸登漢姆的終身貴族，得到「陸登漢姆的波特男爵」（Baron Porter of Luddenham）的封號。

▌觀測瞬間！

通常，對物質施加某種刺激（混合多種物質或加熱：action）後，如果觀察到該物質發生了變化，我們就說該物質起了反應（回應了 action：re-action），這就是我們常說的化學反應的意思。例如，混合氫氣和氧氣後點火，就會發生如化學式（1）的過程，形成水分子。

$$2H_2（氫氣）+O_2（氧氣）→ 2H_2O（水）$$
（1）

此時，由於反應前的氫和氧不論放置多久都不會自然發生反應，所以我們可以仔細觀察其過程。而且反應後的水分子在生成後也不會變化，因此有充分的時間進行觀察。

然而，如果是在反應的途中呢？我們有辦法觀察到化學反應發生的瞬間嗎？

想出這個辦法的人就是本節的主角波特。波特在諾里什的指導下，研究氣體物質的光化學反應當自己的博士論文主題。研究開始後1年，他想到了可以用照射強烈閃光（脈衝光）來進行觀測的點子，試做了一種新實驗裝置（1949年）。這就是可以觀測到化學反應發生瞬間的「閃光光解法」。

波特在裝滿氣體的玻璃管兩端封入電極，然後一口氣用高電壓放電，來製造閃電般的強力閃光。他用這種閃光照射反應容器，在一瞬間同時引發光化學反應。

由於反應中生成的高濃度不穩定物質（中間體）的光譜分佈跟反應前的物質不同，所以我們可以透過光譜分佈的變化情形和變化速度來進行觀測。

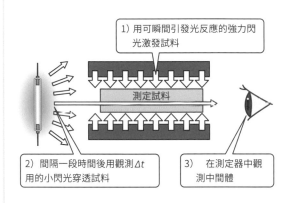

1) 用可瞬間引發光反應的強力閃光激發試料

測定試料

2) 間隔一段時間後用測定 Δt 用的小閃光穿透試料

3) 在測定器中觀測中間體

圖1 閃光光解法

就像我們的眼睛在黑暗中看不的太見東西，必須打開電燈才能看見，要觀測反應物的顏色（光譜分佈）變化，也必須照射觀測用的光。因此波特使用閃光來觀測中間體。

如圖1所示，波特先用強力的脈衝光照射，接著間隔一小段時間（Δt）後再打一次觀測用的微弱脈衝光來觀察光譜分佈

和強度變化。逐步改變時間間隔（Δt）來測量，就能從頭到尾完整觀測光化學反應的所有過程。

當十波特所用的時間精度約在幾毫秒（千分之一秒）到幾十微秒（萬分之一秒）之間。這個方法很快就傳播到世界各地，成為科學家觀測化學反應瞬間的標準方法。

因雷射問世而更進一步發展

雷射的登場

受到愛因斯坦的誘發輻射理論啟發，1953年，美國科學家查爾斯 哈德 湯斯（1915-2015年）等人發明了世界第一台微波放大器，並命名為邁射（MASER）。
同一時期，蘇聯（現俄羅斯）科學家尼古拉·根納季耶維奇·巴索夫（1922-2001年）和亞歷山大·米哈伊洛維奇·普羅霍羅夫（1916-2002年）也獨自研發出邁射。不久後，湯斯和阿瑟·倫納德·肖洛（1921-1999年）在貝爾實驗室研發出光放大器，將其命名為雷射，並申請了專利。1964年，湯斯、巴索夫、普羅霍羅夫三人皆獲頒諾貝爾物理學獎。肖洛也在1981年拿到諾貝爾獎。

雷射問世後，脈衝光的時間大幅縮短，前述的「瞬間」單位也逐漸縮短到奈秒（10億分之1）、皮秒（1兆分之1秒）、飛秒（1000兆分之1秒）。且未來還有望繼續進化到阿秒（100京分之1秒）。

可觀測的時間單位縮小後，以後不只能觀測光化學反應的中間體，還能觀測到分子吸收光子的激發態本身。在阿秒的領域中，說不定還能看見分子中電子的機率性運動。

波特研發的閃光光解法讓科學家得以看見化學現象發生的瞬間，如今也仍在快速發展著。

波特獎章

1988年，為紀念波特的成就，歐洲光化學協會創立了波特獎作為光化學領域最具權威性的獎項。包含卡莎和圖羅在內，歷史上共有20人拿過此獎，其中有5位日本人：本多健一（1992年）、又賀昇（1996年）、增原宏（2006年）、入江正浩（2014年）、以及筆者井上晴夫（2018）。

小故事

波特成功研發出閃光光解法後，這個方法不久就推廣到全世界，日本也有許多大學引進了該裝置。其中有些設計為了提高閃光強度，盡可能提高電壓，真的會發出如打雷般的聲響。

所以實驗中要打開閃光的開關前，都要先大聲知會同實驗室內的其他人，以免嚇到別人。但往往只有實驗者自己有戴耳塞……。

圖羅

尼古拉斯・J・圖羅（1938－2012年）／美國
生於康乃狄克州的密德鎮，維思大學畢業（1960）。畢業後進入加州理工學院在喬治・西姆斯・哈蒙德（1921-2005年）指導下拿到博士學位（1963年）。接著又進入哈佛大學做博士後研究，後成為哥倫比亞大學教授（1969年）。1994年獲頒波特獎章。

光化學的巨大進展

　　光化學反應包含特羅姆斯多夫（1770-1837年，德國人）最初的發現（1834年），以及20世紀初期的賈科莫・路易吉・恰米奇安（1857-1922年，義大利人）研究的關於有機化合物的光化學反應等。在量子力學興起，量子化學開始發展前的時代，光化學研究主要建立在一個個零散的實驗結果上。直到進入1940年代，在發現**第一激發態**的重要性（卡莎規則）和**激發三重態**的存在（**路易斯-卡莎**）後，光化學研究的焦點才逐漸確定。

　　科學家觀測到愈來愈多物體照光後的**發光**現象，且大部分都是固體。波特（p.126）在1940年代剛展開研究時，當時的主流仍是氣體的光反應，但後來溶液中的有機化合物的光化學反應報告愈來愈多。

　　這裡就來看看幾個光化學反應發展史上的重要發現吧。

激發能轉移

　　在本章的前言（p.121）中也稍微提過，**光子**的能量是以$h\nu$（h是普朗克常數，ν是光的頻率）為單位進行交互。分子D在吸收光子的能量後會變成激發態（寫作D^*）。式（1）

　　此時，激發能會在固體中或溶液中的2種分子（D和A）之間轉移。例如有時會觀測到D^*沒有發光，反而是A^*發光。

$$D+h\nu（光子）\rightarrow D^*（激發態）\quad（1）$$
$$D^*+A\rightarrow A^*（激發態）\quad（2）$$
$$A^*\rightarrow A+h\nu'（光子）\quad（3）$$

　　此時，D^*和A^*兩者都是激發單重態跟激發三重態下的機理會不一樣。

針對**激發單重態的能量轉移**，1953年，德國科學家特奧多・福斯特（Theodor Förster，1910-1974）提出了「**螢光共振能量轉移理論**」，認為在式2中是藉由失活和激發兩過程中的共振交互作用來轉移能量。圖1（a）

(a)共振能量轉移

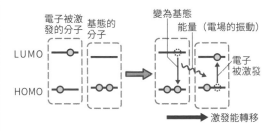

(b)靠交換電子來轉移激發能

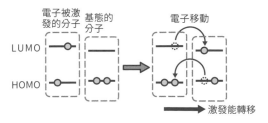

圖1 激發能的轉移
引用自《什麼是人工光合作用》（暫譯，《人工光合成とは何か》）井上晴夫 監修（講談社，2016年）

　　同時，美國科學家**大衛・勞倫斯・德**

克斯塔（D. L. Dexter，1924年-）則發現了激發三重態的能量轉移中電子交換的重要性（1953年）。圖1（b）

激發錯合物、電子移動

另一個跟激發能轉移同樣重要的過程是電子移動。

$$D^* + A \rightarrow [D^{\delta +} \cdot \cdot A^{\delta -}] \rightarrow D^{+\cdot} + A^{-\cdot}$$
（4）

當激發分子（D^*）接近其他分子（A）時，一部分電子會移動到對方那邊去，形成半穩定的激發錯合物（$[D^{\delta +} \cdot \cdot A^{\delta -}]$，稱為**激基締合物**（Excimer：D和A是相同分子的情況）或**激基錯合體**（Exciplex：D和A是不同分子的情況）），有些情況下最終會發生電子移動。**激基締合物**的發現者是前述的**福斯特**（1955年）。有時電子在飛越激發錯合物後，會直接從D^*移動到A。

電子移動的理論是由美國科學家魯道夫 亞瑟·馬庫斯（p.108）發現的。除此之外，約翰·亞倫·米勒（1944年-，美國人）等科學家的實驗檢證，以及又賀昇（1927-2011年，日本）等人對於促進包含溶劑分子的分子運動中的電子移動等研究，都讓科學家對有機分子光化學反應的理解有了長足的進展。

分子光化學概念的確立

圖羅的老師**哈蒙德**是有機化學的大權威。哈蒙德做過很多有關有機化學的研究，其中也包括有機光化學反應。25歲就取得博士學位的圖羅在哈蒙德研究室中是光化學研究的主要負責人。待在哈蒙德研究室的時期，圖羅幾乎測試了試藥架上所有化合物的**光化學反應**可能性。他寫了很多有關光化學反應的論文，據說著作多達1000篇以上。

從25歲到過世為止的50多年中，圖羅平均每年可寫出20篇論文。而且不只是實驗，圖羅對量子化學的理解也很深，從到電子自旋的視覺化表現到光化學的理論體系化，圖羅對光化學的貢獻非常巨大。其中最重要的就是「分子光化學概念的確立」。圖羅在26歲時寫的 "Molecular Photochemistry（分子光化學）"（1965年），堪稱是全球光化學研究的「聖經」。

除此之外，他還出版了 "Modern Molecular Photochemistry（現代分子光化學）"（1978年）、"Principles of Molecular Photochemistry：An Introduction（分子光化學原則導讀）"（2009年）、"Modern Molecular Photochemistry of Organic Molecules（有機分子的現代分子光化學）"（2010年）等奠定分子光化學概念的著作。

所謂的分子光化學，就是把反應分子當成一顆球，然後把激發態的勢能想成一個有高有低的面（現實世界的地面），將反應路徑解釋成反應分子如何穿過勢能的高山和凹谷到達最穩定狀態的反應理論。圖2

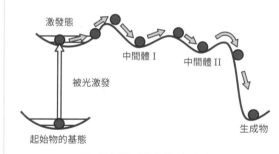

圖2 光化學反應路徑的理解方式

圖羅的聖經

上世紀有部很有名的科幻電影叫《回到未來（Back to the Future）》。

而據說在美國的研究室，當遇到難以理解的光化學問題時，研究生之間也有個口頭禪叫 "回歸圖羅（Back to the Turro！）"。

光合作用與人工光合作用

光的利用

地球上大部分的生物都會以某種形式利用光的能量。人類的眼睛在黑暗中不能視物，因為我們的視覺是靠眼睛的視覺細胞感知光線（光子），再把視覺訊息傳遞到腦細胞讓我們「看見」。就像古代人會用狼煙來遠距離傳遞訊息，光可說是人類文明中最古老的通訊手段（下圖）。

而近代最早實用化的光線應用技術或許是照片。約瑟夫·尼塞福爾·涅普斯（1765-1833年，法國人）在1825～1826前後利用了瀝青照光會變硬的性質，發明了日光蝕刻法（Heliography）。他跟舞台背景畫家路易·雅克·曼德·達蓋爾（1787-1851年，法國人）共同研發了銀版攝影法。這項技術在涅普斯死後由達蓋爾在1839年完成（達蓋爾銀版法）。

「在勒格拉的窗外景色」由涅普斯拍攝照片（1826年-1827年前後）

光合作用

地球上規模最大的化學反應是光合作用。因發現氧氣而知名的普利斯特里（p.26）發現，把辣薄荷跟老鼠一起放進玻璃容器，老鼠不會窒息而死；但若放入沒有植物的容器，老鼠就會窒息死亡，因此推斷「植物會製造乾淨的空氣」。後來他才知道這就是氧氣。

尤利烏斯·羅伯特·馮·邁爾（1814-1878年，德國人）曾經提出「植物會把光能轉換成化學能」的想法（1842）。

然後，尤理烏斯·馮·薩克斯（1832-1897，德國人）從照過陽光的葉子被碘染色後會變紫的現象，發現「植物照到陽光時會消耗二氧化碳製造澱粉」（1862年）。

後來查爾斯·里德·巴恩斯（1858-1910年，美國人）將這個反應命名為光合作用（1893年）。換言之，光合作用可以從1）轉換光能，以及2）化學合成反應這兩個方面去理解。然而，一般常把植物的光合作用歸類在植物學領域，跟通常的化學反應稍微有所區分。

全球暖化和二氧化碳

瑞典科學家阿瑞尼斯（p.66）在1903年因電解質方面的研究成果而拿到諾貝爾化學獎。

阿瑞尼斯是一位非常多才多藝的科學家，也是第一位研究了大氣暖化和二氧化碳濃度關係的人，並提出了估算兩者變化的關係式。阿瑞尼斯發現，若大氣中的二氧化碳濃度增加，大氣溫度也會因為二氧化碳的保溫效應而上升。或許是受到阿瑞尼斯的影響，文學家宮澤賢治的作品《卜多力的一生》中也提到了二氧化碳會使氣候暖化這件事。

二氧化碳被植物的光合作用吸收，用極為漫長的時間（約27億年）慢慢累積變成化石資源，埋藏在地層底下，但過去幾十年人類卻以極快的速度毫無節制地使用石油等化石資源。換言之，我們一直在從大自然開採消費一種有限的能源。

燃燒石油會產生二氧化碳。而燃燒的化石資源愈多，釋放的二氧化碳當然也愈多。結果阿瑞尼斯當年的設想正逐漸成為現實。我們不該繼續放任不管，用不具可持續性的方式消耗這種有限的能源；應該在一切變得太晚前建立具永續性的清潔能源系統，讓地球保持在適合人類生活的狀態。

必須加緊腳步推廣可利用陽光產生電力的太陽能發電，或研發可用水為原料製造氫等清潔能源燃料的人工光合作用。

人工光合作用

以人工方式從太陽取得無限能源的點子，早在大約100年前就曾出現在《科學》雜誌上。

這篇文章的作者是光化學研究的始祖：義大利科學家賈科莫·路易吉·恰米奇安（1857-1922年）。他提議可在植物難以生長的貧瘠地區建造玻璃建築物，然後在建築物中擺放玻璃容器來進行光化學反應。

以下是該文章的部分內容。

「在乾旱的土地上，將出現沒有煙囪和煙囪的工業殖民地；玻璃管的森林將在地平線上不斷延伸，玻璃建築將無處不在；長久以來，光化學過程一直是植物的祕密，但如今已被人類工業所掌握，人類工業將知道如何使它們結出比大自然更豐富的果實，因為大自然的腳步溫吞，而人類不是……」

恰米奇安站在自己實驗室窗邊，周圍擺滿大量玻璃燒杯進行照光實驗的照片，著實令人印象深刻（圖1）。

圖1 恰米奇安和擺放在實驗大樓窗邊的大量玻璃燒瓶

從恰米奇安，可以感受到他想學習、理解、模仿大自然，然後超越自然，模仿光合作用，以人工方法利用陽光進行化學合成的「太陽能化學轉化的期許和實現人工光合作用的強烈意志」，以及對植物光合作用的敬畏之情。這篇文章可說是「人工

光合作用」科學史的胎動。

3項促成人工光合作用研究的革命性研究

人工光合作用研究能從起點一路發展到現在，必須感謝3個里程碑性的革命性研究。

1）本多-藤島效應的發現：第一個里程碑

人工光合作用的具體研究自20世紀下半葉開始突飛猛進。促成這波發展的契機，就是由日本科學家發現的本多-藤島效應。

當時，隸屬東京大學生產技術研究所中專攻攝影化學與電化學領域的本多健一（1925-2011年）研究室的研究生藤島昭（1942年-），正在進行電解時用光照射電極的研究。他用二氧化鈦（TiO2）結晶當電極，泡在水裡，然後用紫外線照射電極，結果回路上出現電流，且另一側的鉑電極產生了氫氣。由此發現了陽極的二氧化鈦照光時會產生氧的現象（1967年）（圖2）。

藤島看到光線分解水的現象，直覺聯想到「這或許跟植物的光合作用很類似」。而這項研究也成為現代人工光合作用研究的契機。在論文於1972年登上《自然》雜誌後，二氧化鈦照光後分解水的現象便依發現者的姓氏被命名為本多-藤島效應。

二氧化鈦的光化學反應源自其強大的氧化能力，除了人工光合作用外，還能利用光來去除有毒物質。此外藤島還發現二氧化鈦照光後會變得更加親水的超親水性。隨後二氧化鈦便被當成一種「光觸媒」，被塗在玻璃表面製造「自潔玻璃」等，發展出很多應用。

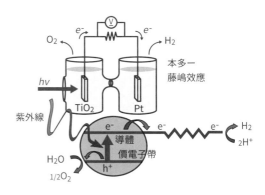

圖2 半導體光觸媒（本多-藤島效應）的光催化水分解

2）金屬錯合物對水的化學氧化的發現：第二個里程碑

受到本多-藤島效應的發現刺激，1970年代後，人工光合作用的基礎研究受到極大注目。金屬錯合物和有機色素是一種可有效吸收可見光的分子。所謂的金屬錯合物是由一個金屬離子及圍繞在其周圍的分子或離子組成，例如可行光合作用的葉綠素就是鎂離子的金屬錯合物。美國科學家湯瑪斯·梅爾（Thomas J. Meyer，1942年-）等發現了使用金屬錯合物光解水來生產氧氣的方法。成功分解化學性質非常穩定的水，這項報告在當時給科學界帶來極大的震撼（圖3）。

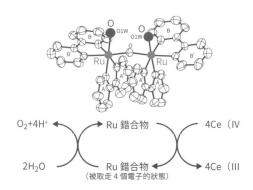

$$O_2 + 4H^+ \longleftarrow \text{Ru 錯合物} \longleftarrow 4Ce（IV$$

$$2H_2O \longrightarrow \underset{\text{(被取走 4 個電子的狀態)}}{\text{Ru 錯合物}} \longrightarrow 4Ce（III$$

圖3 含有2個釕（Ru）的金屬錯合物從水產生氧

3）金屬錯合物對<u>二氧化碳</u>的光化學還原反應的發現：第三個里程碑

　　在梅爾發現用金屬錯合物分解水的方法數年後，人工光合作用研究又出現了第三個重要里程碑。曾因籠形復合物研究而拿到<u>諾貝爾化學獎</u>的法國化學家尚-馬里萊恩（1939年－），在用紫外線照射一種名為錸（Re（I））聯吡啶錯合物的分子後，發現二氧化碳會得到電子（被還原）生成一氧化碳（圖4）。

　　儘管二氧化碳在還原時獲得的電子不是來自水分子，而是溶液中其他物質的電子，但能發現把電子傳給在人工光合作用系統中最終接收電子的二氧化碳的反應，這點也足夠革命性了。

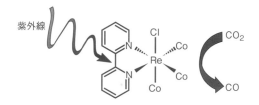

圖4 錸（Re）錯合物的二氧化碳光化學還原反應

　　受到上述3大里程碑的影響，全球的

人工光合作用研究開始急速推進。當然，也有科學家嘗試利用藻類等的天然光合作用為人類提供服務。

　　現在，<u>人工光合作用</u>的研究大致分為以下3個途徑。

- ●生物化學的途徑：試圖改良天然光合作用的方法。
- ●色素分子觸媒、<u>金屬錯合物</u>觸媒的途徑：從第二和第三項里程碑研究出發。
- ●<u>半導體</u>光觸媒的途徑：從第一項里程碑研究（本多-藤嶋效應）出發。

　　未來人工光合作用的發展相當令人期待。

12 高分子化學

施陶丁格
(1881-1965年)

確立高分子的概念

卡羅瑟斯
(1896-1937年)

發明尼龍

櫻田一郎
(1904-1986年)

發明維尼綸

所謂的高分子就是分子量極大（10000以上）的分子。我們身邊有很多不同種類的高分子。例如植物和動物的身體組織就是天然的有機高分子代表。纖維素和澱粉是由多個醣串成的多醣類，而肌肉的主成份是由多個胺基酸串成的蛋白質。

自古以來人類就使用植物纖維製造衣物。例如埋葬在金字塔中的木乃伊是用麻布包裹。印度河流域和埃及、秘魯等地的文明除了麻以外，還同時栽種棉。日本最晚在繩文時代開始使用麻；到了室町時代，棉從中國大陸傳來，開始在日本栽種。還有取自蠶繭的動物性纖維──絲綢，也是由多個胺基酸串成的高分子，早在4000年以前就被中國的古文明用來製造織物。後來絲綢傳到歐洲，養蠶業以法國的里昂為中心開始逐漸興盛。

日本在彌生時代後期也引進了養蠶技術。幕府時代末期時，歐洲爆發蠶的微粒子病，整個養蠶業幾乎毀滅，德川家茂還贈送蠶卵給拿破崙三世救急。據說巴斯德還使用了那批蠶卵研究蠶微粒子病。明治維新後，日本政府開始舉國養蠶，建立了被指定為世界遺產的富岡製絲廠，一度成為全球絲綢的生產中心。

由此可見，天然的高分子材料在人類歷史上被廣泛利用。與之相比，化學中的高分子化學就如同新生的嬰兒，直到20世紀才開始興起。施陶丁格是第一位根據實驗結果定義了高分子這個概念的人。在高分子的概念確立後，高分子化學開始急速發展。例如卡羅瑟斯發明了尼龍取代天然的絲綢，櫻田則發明了日本最早的合成纖維維尼綸；以煤炭和石油為原料的合成纖維和塑膠等高分子材料的問世，對人類社會的文明化有著巨大貢獻。

施陶丁格

赫爾曼・施陶丁格（1881－1965年）／德國
生於德國的沃爾姆斯，1903年在哈勒大學取得博士學位。曾就讀過斯特拉斯堡大學、慕尼黑大學、達姆斯塔特大學。1912年成為蘇黎世聯邦理工學院的教授，1926年成為弗賴堡大學教授，一生反戰，雖然受到納粹黨的妨礙，但因出色的學術成就和名聲而得以繼續從事研究。1953年拿到諾貝爾化學獎。

顛覆原本的常識

綜觀科學史，科學的發展大致可分為兩種模式，一種是連續的發展，另一種是不連續的發展。連續的發展是指科學家們透過不斷努力加深對研究對象理解，然後漸進地改良原本的理論；而不連續的發展則是以既有的理解為基礎，一口氣往上大幅跳躍。

歷史上，當這種躍進式的理論出現時，幾乎絕大多數都會被當代的權威人士批評，認為「沒有必要另起高樓」或「按部就班地深化舊有的理解就足夠了」，面臨巨大的阻礙。

當然，這兩種發展模式都很重要，但施陶丁格選擇前者，翻過了高牆，讓人們對高分子的理解和高分子化學的建立出現飛躍性地進步。

天然橡膠是高分子嗎？還是小分子的集合？

在19世紀末，人類已經發現並合成出很多種有機化合物。其中也包含天然橡膠等跟看起來不同於普通液體和固體的彈性物質。用橡膠樹等植物的樹液製造的天然橡膠，據說是由哥倫布在1490年代帶入歐洲的。而氧氣的發現者普利斯特里則是最早用天然橡膠做出橡皮擦的人。

$$n\ CH_2=C-CH=CH_2 \Longrightarrow \begin{bmatrix} CH_2 & CH_2 \\ C=C & \\ CH_3 & H \end{bmatrix}_n$$

異戊二烯　　　　　　　　聚異戊二烯

圖1 由異戊二烯聚合而成的聚異戊二烯（天然橡膠）

後來科學家發現，天然橡膠是一種由多個異戊二烯串起來（聚合）的聚異戊二烯分子（圖1）。查爾斯・韓生・格蘭威爾・威廉斯（1829-1910年，英國人）發現天然橡膠加熱分解後會生成異戊二烯（1860年）。而且他還觀察到異戊二烯長時間放置後會變成黏巴巴的狀態（聚合）。

奧士華（p.64）等人認為這種黏巴巴的膠質是分子靠副價（當時的科學家對不屬於一般化學鍵的弱交互作用的理解）聚合起來的狀態，支持的是小分子集合體假說。且大有機化學家費歇爾（1902年拿到諾貝爾化學獎）也認為分子量超過5000的分子並不存在，因此當時的有機化學家們都相信天然橡膠是異戊二烯以大環形串連的小分子集合體假說。

而就在此時，施陶丁格出現了。他推進了凱庫勒的化學鍵理論，在瑞士的學會上發表了橡膠應是由碳原子和碳原子如鎖鏈般連續串成的直鏈狀結構的想法（1917年），並在不久後寫成論文出版（1920年）。換言之，施陶丁格主張天然橡膠應是

直鏈狀的「**高分子**」。但幾乎沒有人支持他的想法。

　　當時，布拉格父子（1915年拿到**諾貝爾物理學獎**）剛在1913年研發出用X射線分析晶體結構的方法，是有機物晶體研究研究的黎明期。在施陶丁格發表橡膠直鏈結構假說的同一年，X射線結構分析的最新結果發現，植物纖維的**纖維素**是由4個一組的葡萄糖環規律排列而成，亦即纖維素是一種小分子的集合體。雖然這項報告之後遭到修正，卻給施陶丁格的假說狠狠賞了一記耳光。施陶丁格的狀況只能用孤立無援來形容，但他卻並未放棄。

　　如果天然橡膠真是小分子的集合體，那麼照理說結合力應來自小分子內多餘的雙鍵（圖1）。所以消除這個雙鍵，橡膠分子就會失去結合點，性質應該會大幅改變才對。

　　然而，即使做了氫化（讓雙鍵跟2個氫單獨結合）處理，橡膠的性質也沒有太大改變。於是施陶丁格再次發表報告，認為橡膠不是小分子集合體，而是直鏈結構的高分子（1922年）。

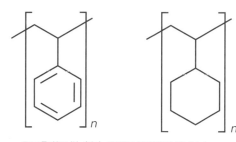

圖2 聚苯乙烯（左）和聚乙烯基環己烷（右）

　　不僅如此，他還發現對結構更單純的聚乙烯的苯環做氫化處理，消除雙鍵，使之變成環己基苯環（圖2）後，其黏性（非常受分子量影響）也幾乎沒有任何改變（1926年）。

　　在施陶丁格縝密的研究下，原本孤立無援的情況開始一點一點改變。而過去最大的批判者赫爾曼·弗朗西斯·馬克

（1895-1992年）在重做纖維素的X射線結構分析後，也發現結果跟以前其他研究者公布的結構不一樣，證明了纖維素是由葡萄糖環以線性鏈組成的高分子。

　　花了超過10年的時間，施陶丁格的高分子學說終於被世人接受。隨後高分子的概念開始傳播，科學界迅速開發出**合成高分子**、合成纖維、和**塑膠**。而施陶丁格也被奉為高分子化學之父。

小故事

為什麼橡皮可以伸縮？

　　橡皮具有彈性，拉長後放開會迅速縮回，壓扁了也能自己恢復原狀。這種性質跟橡皮的結構有關。天然橡膠（圖1）是一種由碳鏈長長串成的高分子。但碳鏈並不喜歡伸直，而是呈現各種能量相同的綿密纏繞的狀態。拉長橡膠時，分子鏈被迫伸直變成有限的結構，並且會試圖變回可以結構自由度高的狀態。這在**熱力學**上叫做熵彈性。

卡羅瑟斯

華萊士・休姆・卡羅瑟斯（1896－1937年）／美國

生於美國愛荷華州的伯靈頓。自小成績優異，就讀塔基奧學院（Tarkio College），在該校的化學老師轉任至其他學校後，以學生身分成為代課教授。於伊利諾伊大學取得博士學位後，先後在伊利諾伊大學和哈佛大學擔任有機化學的講師（1926年）。1928年，化學製造商杜邦公司為充實旗下與產品無關的基礎研究部門而挖角卡羅瑟斯。

充滿創新的經營策略

20世紀初葉，全球化學工業有了飛越性的發展，其中尤以德國為最。1907年，BASF公司成功用哈伯-博施法研發出用空氣中的氮氣製氨的方法，合成出人工肥料；後來BASF、拜耳、霍伊斯特這三家公司合併為法本公司（1925年）。隔年，為了對抗法本公司，英國也合併了四間化工公司成立了帝國化學工業公司。

而在美國，雖有生產無機化學產品的陶氏化學公司，以及生產火藥產品的杜邦公司，但煤化學和有機化學領域卻遠遠落後德國和英國。因此杜邦公司決定強化自家的化學部門。一般公司通常會優先改良已經實用化的產品，或是直接向領先企業引進技術，但杜邦卻不一樣。儘管無法在短期內就轉化成產品，但杜邦卻決定先充實基礎研究部門。

很快地，杜邦看上了剛在哈佛大學開始研究有機化學，年輕氣盛的卡羅瑟斯。杜邦鍥而不捨地說服不情願的卡羅瑟斯，用幾乎2倍的薪水挖角他來擔任杜邦公司有機化學研究部門負責人。這個獨具慧眼且果斷的決定最後獲得成功，可說是創新經營策略的典範。

世界最早的合成橡膠

1928年，跳槽到杜邦公司的卡羅瑟斯開始實證施陶丁格的高分子學說，研究製造合成橡膠，並在不久後就取得成果。1930年，卡羅瑟斯成功分離出單體氯丁二烯，並使其聚合合成出氯丁橡膠（當初被命名為新平橡膠）。這是世界最早的人工合成橡膠（圖1）。杜邦公司隔年（1931年）就開始投入生產。

圖1 用氯丁二烯（左）合成新平橡膠（合成橡膠）（右）

使高分子原料的單體分子（例如圖1左邊的氯丁二烯）連起來聚在一起的聚合方法大致分為鏈增長聚合和逐步增長聚合兩種。在鏈增長聚合中，反應相連的分子會像疊雪人一樣逐一往上疊，跟新的單體反應，成長為高分子。卡羅瑟斯研發出的新平橡膠就是用這個方法製造的。

合成聚氯乙烯纖維

另一方面，**逐步增長聚合**則是使單體的兩端跟反應對象的兩端逐一發生反應的方法。羧酸跟酒精的酯化反應（1）由於反應過程中會失去水分子，故被稱為縮合反應，而聚合的縮合反應叫做縮合聚合反應；卡羅瑟斯利用這個反應成功合成出現在隨處可見的聚氯乙烯，並用聚氯乙烯製成人工纖維。

HOCORCOOH + HOR'OH
→HOCORCOOR'OH
→ → →　—（OCORCOOR' −)ₙ—
（1）

此時的反應過程跟鏈增長聚合不同，會同時有好幾個小雪人，且雪人之間也會發生反應，反應過程比較複雜。而卡羅瑟斯則想出了以數學描述此反應過程的卡羅瑟斯方程式。

合成出取代絲綢的尼龍

另一個代表性的縮合反應是醯胺的生成反應（2）。也就是羧酸（—COOH）和胺（—NH₂）縮合形成醯胺鍵（—CONH−）。蠶絲也是由胺基酸結合成的醯胺鍵聚合而成的。

而若要人工合成出來，則可讓兩端帶羧酸的二羧酸和兩端帶胺的二胺反應來生成聚醯胺。

HOCORCOOH + H₂NR'NH₂
→HOCORCONHR'NH₂
→ → →　—（NHCORCONHR'-)ₙ—
（2）

而卡羅瑟斯則成功用己二酸（圖2）和己二胺（圖2）漂亮地合成出聚醯胺（圖3）（1934年）。

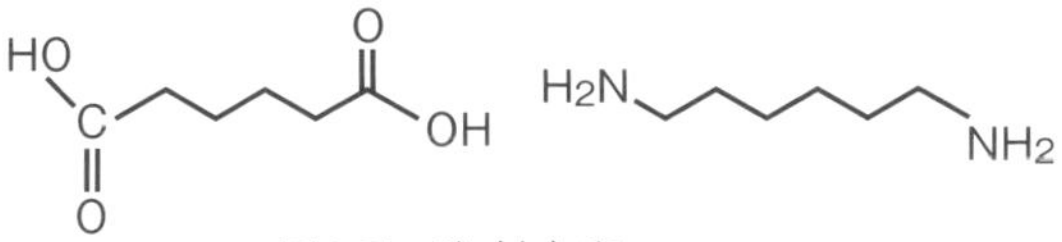

圖2 己二酸（左）和
己二胺（右）

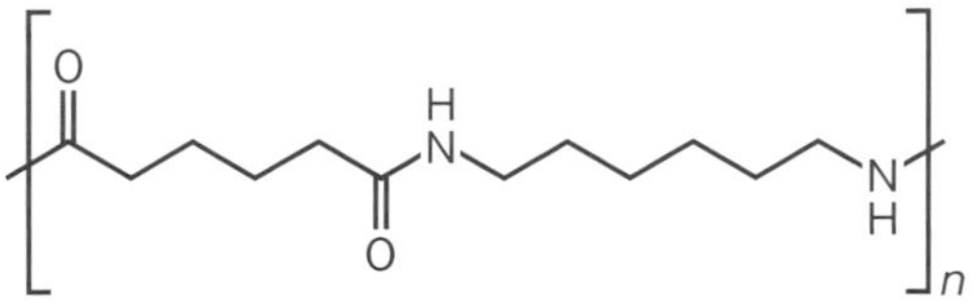

圖3 尼龍6,6

由於用於合成聚醯胺的己二酸和己二胺的碳原子數都是6，因此卡羅瑟斯將此產品命名為**尼龍6,6**（圖3）。

雖然成就輝煌，但卡羅瑟斯卻在不久後患上憂鬱症，失去了自信。結果卡羅瑟斯還沒看到自己研發的**聚醯胺纖維**和**尼龍**成為產品，就在1937年時服用氰化物自殺，令人惋惜。

後來**杜邦公司**發現卡羅瑟斯完成的聚醯胺纖維有著非常優秀的性質，在1938年決定以此製造全球最早的人工纖維，發表了新產品「尼龍」。

時任杜邦公司的副總裁在發表時表示尼龍「是以煤炭、空氣、水為原料，比蜘蛛絲更細、比鋼鐵更強韌、比所有天然纖維更具彈性的纖維」。1940年5月15日，第一款尼龍製的絲襪上市，立刻在女性市場成為人氣商品。

而在德國，法本公司也於1938年成功用一種叫己內醯胺開環聚合的方法合成尼龍。在日本，東麗公司研發出用己內醯胺

的光化學反應（光亞硝化法）來製造尼龍的獨家技術（1941年）。

搭建尼龍絲襪廣告塔的情景
（1940年）

關於尼龍（Nylon）這個名字的由來有多種說法。其中最常聽到版本，是因為尼龍絲襪不像傳統天然絲襪有令女性困擾的「脫絲（run）」問題，所以用"No Run！"的諧音命名為"Nylon"。不過，實際上尼龍絲襪似乎並沒有防脫絲的功能。

另一種說法是，因為當時市面上的絲襪產品的原料供應幾乎全被日本製的絲綢壟斷，為了打敗傳統絲襪，於是出現了"Now You Look On Nippon"、"Now You Lousy Old Nipponese"等口號。甚至還有為了表現對抗日本的農林省（Nolyn）的決心才叫尼龍的說法，不過都毫無根據。

尼龍絲襪在美國最早的上市日5月15日後來被定為「絲襪紀念日」。

創新有時需要離開常走的大道，潛入森林，你就肯定會發現前所未見的東西。

—— 亞歷山大・格拉漢姆・貝爾（1847-1922年）

12

高分子化學

櫻田一郎

櫻田一郎（1904－1986年）／日本

生於京都府。就讀舊制第三高等學校期間學習過世界語（一種國際性的人工語言），學生時代出版過路德維克・柴門霍夫的演講集「如夜空繁星」的日譯本。從京都帝國大學工學部化學系畢業後，成為京都帝國大學助理教授（1934年），隔年升任正教授。曾拿過日本學士院賞、紫綬勳章、文化勳章。

日本最早的合成纖維「維尼綸」

在杜邦宣布將**卡羅瑟斯**發明的世界第一個合成纖維——**尼龍**產品化後，全世界都大受震撼（1938年）。在日本，此時京都帝國大學的櫻田一郎團隊也早已展開合成纖維的研究。

櫻田曾留學德國，在庫特・黑斯（Kurt Hess，1888-1961年）的研究室從事**纖維素**的研究。儘管黑斯一生都堅信低分子說，但櫻田在留學期間卻跟**施陶丁格**交流過，從此立志要用人工合成高分子。櫻田一生都在從事高分子化學研究，也是第一個將「**高分子**」一詞譯為日語並推廣開來的人。

在杜邦宣布將尼龍產品化的隔年（1939年），櫻田跟當時在自己的研究擔任助理教授的李升基和助手川上博等人共同研發，成功用聚乙烯醇製造了日本最早的合成纖維（**維尼綸**），並命名為「合成1號」。

當時，德國電化學有限公司聯盟的赫爾曼（Willy O Herrmann）為合成纖維素所研發的**聚乙烯醇**（圖1）受到全球注目，但一如其化學結構式所見，聚乙烯醇的分子內含有大量氫氧根（—OH），所以非常親水。故雖然是一種高分子，卻有著易被熱水溶解的缺點。

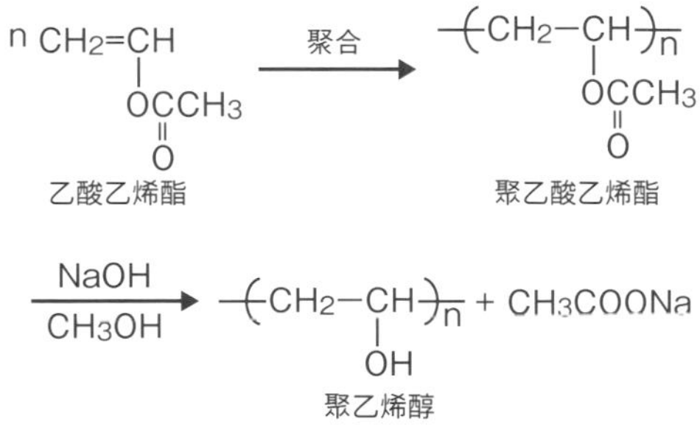

$$n\ CH_2=CH \xrightarrow{\text{聚合}} \left(CH_2-CH\right)_n$$

乙酸乙烯酯 → 聚乙酸乙烯酯

$$\xrightarrow[CH_3OH]{NaOH} \left(CH_2-CH\right)_n + CH_3COONa$$

聚乙烯醇

圖1 聚乙烯醇的合成

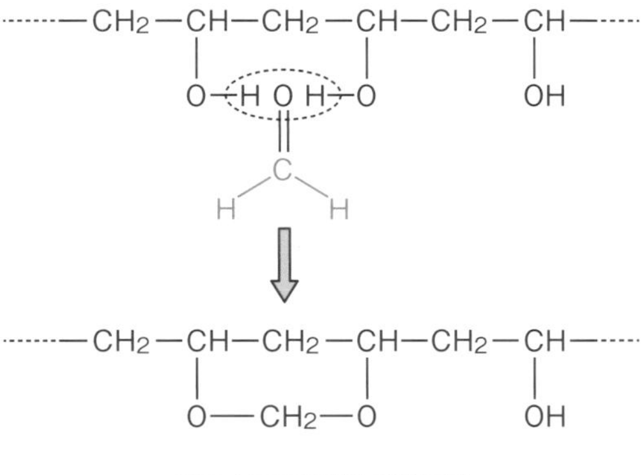

圖2 由聚乙烯醇合成維尼綸

櫻田著眼於這點，思考要如何去除氫氧根，最後想到可以讓聚乙烯醇跟甲醛（HCHO）反應（圖2）。結果聚乙烯醇中86％的氫氧根跟甲醛反應，成功令其纖維化。然而，反應後的產物依然不耐熱水。

這時，櫻田突然靈光一閃。他想到自己在德國留學研究纖維素時，對纖維素結

晶做X射線結構分析時，結晶格的水分子會被吸收，形成親水的「水結晶纖維素」，並發現加熱去除水結晶纖維素的水分後，就能製造出不溶於水的結晶**纖維素**。於是櫻田試著對聚乙烯醇進行熱處理，完全去除水分後再跟甲醛反應。最後成功做出可耐熱水的合成纖維。

櫻田將之命名為「合成1號B」，並將最早做出來的合成1號改名為「合成1號A」（1940年）。

這種合成纖維是日本獨自研發的合成纖維，在二戰結束後正式命名為**維尼綸**（Vinylon），於1950年由倉敷絹織公司（現在的可樂麗公司）產品化。維尼綸的布料具有吸濕、易乾，而且摺痕不易消失的特性，被廣泛用於製作學生制服、雨衣、漁網、繩索、包包、纖維強化水泥用的補強用纖維、外科用縫線，以及非纖維用途的農業資材、水溶性樹脂材料、包裝材、以及偏光板等等。

櫻田當初用的實驗裝置，於2012年被日本化學學會被指定為第三項化學遺產（圖3）。

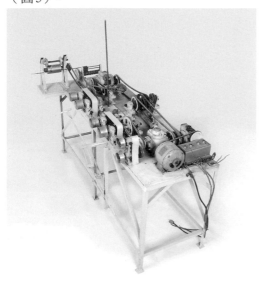

圖3 保存於京東大學化學研究所內的維尼綸紡絲實驗裝置
"京都大學化學研究所「維尼綸」相關資料[,ca.1942-1943]."京都大學數位檔案系統（京都大學研究資源檔案）.2015年
https://peek.rra.museum.kyoto-u.ac.jp/ark:/62587/ar61376.61376,
（參照2021-01-18）.

　　將維尼綸產品化的倉敷絹織公司社長大原總一郎非常喜歡維尼綸，曾委託版畫家棟方志功製作「美尼羅牟（Vinylon的日文漢字音譯）頌版畫冊」（別名「命運版畫冊」）。棟方志功在『版畫之道』中有如下記述：

　　「……在總一郎先生說想賭上倉敷絹織公司的命運，用維尼綸這種新纖維當地基，建造一個這個偉大纖維世界時，我就知道這是我命中註定的作品。……他問我『能不能請你把我投入在這份工作中的心情表現出來』。我說我想創造一個像貝多芬的歡樂頌一樣的作品，而大原社長似乎也很喜歡貝多芬，便說『那就做一個第五交響曲給我吧』，還替我出了買新木板的錢。這時，尼采的查拉圖斯特拉如是說也被納入主題。然後他告訴我『為了日本也為了世界，我必須生產維尼綸。查拉圖斯特拉以超人為主角來討論命運，所以我希望你用版畫創造一個像超思想一樣的宏大概念』……」

　　這幅作品現收藏在岡山縣倉敷市的大原美術館。

我們身邊的高分子化學物——塑膠

我們身邊的生活用品中最具代表性的**高分子化合物**當屬合成樹脂。**尼龍**等**合成纖維**就是將**合成樹脂**製成纖維後的紡織物。合成樹脂是種有機高分子化合物,基本結構是碳鏈,而這種炭煉是將化石資源的煤炭、石油分解成小分子後,再按照需求聚合起來的。所以煤炭和石油對人類而言是一種針對的**碳源**。

合成樹脂大多會在受力後變形(可塑性:Plasticity),因此雖然不是嚴謹的學術用語,但如今大多稱為**塑膠**。合成樹脂最早的發現者是知名有機化學家**尤斯圖斯・馮・李比希**(1803-1873年)。1835年時,李比希和亨利・維克特・勒尼奧發現了氯乙烯和聚氯乙烯粉末。之後,儘管兩人沒有具體弄清楚這種分子的結構,但還是發明了聚苯乙烯、貝克萊特等多種合成樹脂,並將其產品化。到了**施陶丁格**在1920年確立高分子的概念後,合成樹脂的發展又更加速,出現更多種類。

尤其是將乙烯聚合成聚乙烯時所用的齊格勒-納塔催化劑(卡爾・齊格勒[1898-1973年,德國人]和居禮奧・納塔[1903-1979年]因發明此催化劑而在1969年共同拿到諾貝爾化學獎)的發明最為重要,使塑膠開始大量生產,用於製造我們週遭的許多產品。

如何與塑膠共存

塑膠不具生物分解性。這項性質使其不容易劣化而使用壽命長,帶來很多便利,但也代表在丟棄後幾乎不能回歸大自然。換言之,微生物不吃塑膠。

目前全球廣泛使用的塑膠袋等塑膠製品已變成龐大的塑膠垃圾問題。很多人以為廢塑料只要拿去燒掉即可,燃燒的熱量還能用來發電,但當焚化爐的燃燒效率不佳時,就會產生劇毒的戴奧辛,而且還會排放二氧化碳。

如果懶得處理而把塑膠垃圾倒進海洋,這些廢塑料會被魚類等海洋生物誤認為食物吃掉,但塑膠被生物吃掉後不會被消化,只會被磨碎成小顆粒,變成俗稱**微塑料**的小粒子殘留在生物體內。最後它們還可能通過食物鏈累積在人體,影響人類的健康。發明可被生物分解的塑膠或許是一種解決方案。

長期以來聯合國一直都在探討如何打造更適合居住的地球環境,並在2015年時公布了永續發展目標(Sustainable Development Goals:<u>SDGs</u>)。為了創造更好的生活環境並保護地球的宜居性,科學家們將持續努力開發新的科技。

13 有機化學

○ **維勒**
（1800-1882年）

第一個合成有機化合物的人

○ **格林尼亞**
（1871-1935年）

發明有機金屬化合物和格氏試劑

○ **伍華德**
（1917-1979年）

成功實現維生素B12的全合成

自古以來，人類便將習慣萬物分成跟生物有關者（有機物）和跟生命無關者（無機物）。

在18世紀，當錬金術剛開始脫胎換骨轉變成化學時，化學家主要的研究對象仍是無機物。因為跟無機物相比，有機物只要稍微加熱就會發生變化，性質很不穩定，難以控制。因此當時的科學家們普遍認為有機物是只有生物體才能製造的東西。

瑞典化學家托爾貝恩‧貝里曼（1735-1784年）是第一個把有機物和無機物分成兩種概念的人。而永斯‧雅各布‧貝吉里斯（1779-1848年）將有機物的化學稱為 "Organisk Kemi"。

第一個將化學引進日本的人是**宇田川榕菴**（1798-1846年）。他把威廉‧亨利（1775-1836年，英國人）的著作 "Elements of Experimental Chemistry" 荷蘭文譯本翻譯成日文，寫了《舍密開宗》這本書。

隨後，在由**川本幸民**（1810-1871年）翻譯的朱利葉斯‧阿道夫‧施托克哈特（Julius Adolph Stöckhardt，1809-1886年，德國人）的著作 "Schule der Chemie" 日文版《化學新書》（1861年）中，首次將 "Chemie"（舍密）一詞譯為「化學」，並將 "Organische" 譯為「有機體性」。這就是「有機化學」一詞在日本的由來。

第一個在試管中人工合成出有機化合物的人是**維勒**。這項成就為爾後有機化學的巨大發展扣下扳機。

然後，**格林尼**亞用金屬和碳合成出有機金屬化合物，並發明了格氏試劑，為眾多新化合物的誕生開闢了道路。

伍華德則利用有機合成技術，付出令人難以想像的努力，用大約100步反應程序成功實現維生素B12的全合成，證明了許多天然物質都可以用人工方式合成。

維勒

弗里德里希・維勒（1800 － 1882 年）／德國

生於埃舍爾斯海姆，原本就讀馬爾堡大學的醫學系，但因志在化學，不久就轉學到海德堡大學。在利奧波德・格麥林（1788-1853年）指導下取得博士學位（1823年），畢業後前往瑞典，進入永斯・雅各布・貝吉里斯（1779-1848年）的實驗室工作，後成為哥廷根大學的教授。

用無機化合物合成出有機化合物：有機化學的起點

即便進入19世紀，當時的科學家們依然認為有機化合物源自生物活動，且只能在生物體中製造。但維勒的實驗卻完全顛覆了這個常識。當時，維勒正在研究無機化合物氰酸（HOCN）以及它的誘導體。維勒想在實驗中合成氰酸銨（(NH₄)＋(OCN)－），便把氰酸和氨（NH₃）水溶液混合加熱，卻發現合成出來的不是氰酸銨，而是 **有機物** 的 **尿素**（NH₂CONH₂：圖1）（1828年）。

尿素是動物將體內有毒的氨透過肝臟的尿素循環轉化出的水溶性物質。因為尿素是通過尿液排出體外，

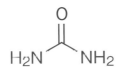

圖1 尿素的化學式

所以當時的人們都以為尿素是由腎臟製造的，於是維勒的老師貝吉里斯便興奮地對外發表「我們成功在燒杯中合成出只有腎臟才能合成的尿素」。維勒當時做的化學實驗中發生的化學反應式如下（1）：

$$HOCN + NH_3 \rightarrow NH_2CONH_2 \quad (1)$$

總而言之這是一件非常驚天動地的事，因為這是人類第一次知道有機物也可以在燒杯中人為生產。然而，這項發現花了一段時間才被大家相信。

1845年，維勒的學生阿道夫・威廉・赫爾曼・科爾貝（1818-1884年）合成出第二種有機化合物，用無機化合物二硫化碳（CS₂）合成出有機化合物醋酸（CH₃COOH），證明了無機物的確可以合成出有機物。這就是「**有機化學**」的誕生。

不過，雖然很多教科書上都寫「維勒加熱了氰酸銨合成出尿素」，但這麼說其實不正確。因為氰酸銨非常不穩定，而維勒當時並不知道這件事。他本來想合成的氰酸銨，所以嘗試了很多種反應組合，包括氰酸加氨、硫氰酸鉛（Pb(OCN)₂）加氯化銨（NH₄Cl）、硫氰酸汞（HgOCN）加氨等等。

在維勒和科爾貝的報告發表後，科學家才知道有機化合物並非只能在生物體內合成，也可以用人為方式合成，開始思考如何用各種含碳和含氫的化合物來製造有機化合物。

發現同分異構體

維勒的另一項成就是跟 **李比希** 一起完成的。在維勒合成出氰酸的其中一種誘導體氰酸銀（AgOCN）的同一時期，李比希也合成出了具有爆炸性的雷酸銀

（AgCNO）。李比希和維勒對這兩種化合物做了精密的**元素分析**。然後，他們注意到彼此合成出的化合物明明成分完全相同，性質卻截然不同。這就是「**同分異構體**」的發現經緯（1826年）。

另一位偉大有機化學家

李比希是一位在有機化學貢獻上與維勒齊名的化學家。研究有機化合物最基本的方法，除了測量化合物的沸點（液體）或熔點（固體）外，最重要的就是**元素分析**。貝吉里斯注意到在有機化合物完全燃燒後，碳元素會變成二氧化碳，氫元素會變成水。於是他提議利用這個性質，用測量有機化合物燃燒後生成了多少水和多少氣體（CO_2）來決定這種有機物的實驗式。如果該化合物的碳與氫含量相加達不到100%，又檢測不出其他元素，便假定剩下的部分都是氧。

然而，這個方法對含氮的化合物卻行不通。因為含氮化合物在燃燒時，化合物中的氮會跟空氣中一部分的氮分子（N_2）結合變成氧化氮氣體，所以只測量氣體的量沒辦法區分有多少是碳、多少是氮。在那個年代，從罌粟籽中提煉的嗎啡是醫療上重要的止痛劑（圖2），而嗎啡就是一種含氮的化合物。李比希為了確定嗎啡的化學式，構思了一種更詳細的元素分析法。那就是將燃燒產生的CO_2跟氫氧化鉀（KOH）水溶液反應，生成K_2CO_3（2）。

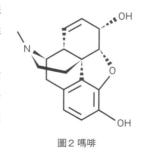

圖2 嗎啡

$$2KOH + CO_2 \rightarrow K_2CO_3 + H_2O \quad （2）$$

為使氣體的CO_2跟KOH水溶液完全反映，李比希還特地找了玻璃工匠做了一種如圖3中由1根玻璃管和5個球組成的器材，名為"Kaliapparat"。方法是在管中倒入KOH水溶液，讓通過的CO_2全部發生（2）的反應，最後再用精密天秤測量燃燒前後減少的重量。

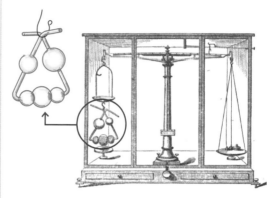

圖3 Kaliapparat（左）和天秤秤重（下）

圖4 美國化學學會的標誌

這個方法讓科學家從此能夠精密地分析物質中的元素，大幅推進有機化學的發展。在美國化學學會的標誌（圖4）中，上半部燃燒的不死鳥代表不斷合成的物質，而下半部的ACS中間那個符號就是李比希的"Kaliapparat"。

李比希最低量定律

李比希在植物學方面也有不小的成就。已知氮、磷、鉀這3種元素對植物的成長相當重要，但李比希認為，不管給予植物多少養分，植物的成長都只受最缺乏的那種養分影響。這個理論被稱為李比希最低量定律，對農業方法有很大的影響。

格林尼亞

弗朗索瓦‧奧古斯特‧維克多‧格林尼亞（1871-1935年）／法國
生於法國瑟堡，原本就讀於培養中學教師的師範學校，但後來學校關閉，便改到里昂大學學習數學，卻在畢業考時不及格。後來被徵召入伍，升至伍長後又回到大學重考，終於通過畢業考試。畢業後在朋友推薦下改讀化學，跟隨菲利浦‧安托萬‧巴比耶（1848-1922年）學習。格林尼亞於1912年因發現以其名命名的格林尼亞反應而拿到諾貝爾化學獎。如今在瑟堡還有一條格林尼亞大道。

有機金屬化學的誕生

在19世紀中葉時，**有機化學**誕生了一個新潮流，那就是由碳和金屬原子結合而成的化合物。這種化合物俗稱**有機金屬化合物**。因為碳的反應性很好，可以合成出各式各樣的化合物。

愛德華‧弗蘭克蘭（1825-1899年，英國人）在1849年發現鹵烷化合物和羰基化合物跟鋅（Zn）共存時，烷基會跟羰基化合物（含有＞C＝O的化合物）發生加成反應。所謂的烷基就是甲基（CH_3—）、乙基（C_2H_5—）這種由碳串起來的碳氫族（基）。

之後，亞歷山大 米哈伊洛維奇 柴瑟夫（1841-1910年，俄國）、伊戈爾‧伊戈列維奇‧瓦格納（Igor Igorevitch Wagner，1849-1903年，俄國）、謝爾蓋‧列福爾馬茨基（1860-1934年，俄國）等人也相繼發表了加入鋅後會發生反應的結果。

就在這時，**巴比耶**和格林尼亞出現了。巴比耶發現在這個反應中用鎂（Mg）代替鋅的話反應會進行得快，在1899年以單獨名義發表了論文（圖1）。

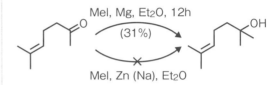

圖1 巴比耶反應

然而，因為反應性並非總是很良好，而且再現性也不太好，所以連巴比耶自己也對這項發現興趣缺缺。直到格林尼亞加入研究團隊後，才由格林尼亞接手繼續研究反應中鎂的效果。

格林尼亞很快就做出成果，在隔年1900年就以單獨名義發表了論文（圖2）。當然，論文中也感謝了柴契夫和巴比耶。

$$R^1-C(=O)-R^2 \xrightarrow[Et_2O]{R^3MgX} R^1-C(OH)(R^3)(R^2)$$

圖2 格林尼亞反應

這篇論文發表後，格林尼亞立刻就受到極大關注，許多有機化學家都開始利用這個反應。格林尼亞也因為這項劃時代的有機化學合成方法，在1912年獲頒諾貝爾化學獎。

巴比耶的方法和格林尼亞的方法乍看相同，但反應性卻是格林尼亞明顯更勝一籌。這是為什麼呢？

巴比耶的實驗是把一次所有要反應的物質放入同一個燒杯內，反觀格林尼亞則是先使鎂金屬和鹵烷化合物充分反應後，才加入羰基化合物。這就是化學的有趣之處。為什麼只是改變了添加方式，就會得到不一樣的結果呢？

當時的科學家們並不清楚反應的機制，推測在**格林尼亞反應**是通過RMgX這個反應中間體進行反應。R—Mg的化學鍵是R$-$，也就是帶負電的碳跟Mg^{2+}結合，在當時是一種全新的結合方式。

因為碳帶負電，所以可跟電極化帶正電的羰基的碳（$>C^{\delta+}$）=$O^{\delta-}$）反應形成碳－碳鍵，例如水分子的羥基（$H^{\delta+}$）-$O^{\delta2-}$）-$H^{\delta+}$）也是電極化為正電，所以RMgX也會跟水反應而消失。所以在巴比耶實驗的反應中，可能有時在跟反應對象的羰基化合物反應前，RMgX就先跟溶劑中屬於雜質的水分子反應，失去具有活性的中間體。

相對地，在格林尼亞反應中，因為先將用於溶劑的乙醚（$C_2H_5OC_2H_5$）中所含的水分子雜質完全去除，所以RMgX（被稱為**格氏試劑**）可在有活性的狀態跟羰基化合物反應。

明明使用相同的試劑，巴比耶和格林尼亞卻得出不同的結果，讓科學家們有機會深入思考反應中的活性中間體格氏試劑的性質。

雖然不明白為什麼巴比耶沒有一起拿到諾貝爾化學獎，但從結果來看，巴比耶發現了碳－金屬鍵這種全新的結合方式，並間接推動了新的有機合成方法的出現，因此被譽為「**有機金屬化學之父**」。

菲利浦・安托萬・巴比耶
（1848-1922年）

啟發自有機金屬化學的有機合成方法

格氏試劑RMgX的發現，是製造新碳－碳鍵的反應化學的起點。

13

有機化學

氧化加成反應與還原消除反應

鎂金屬跟鹵烷化合物的反應中至少有一個電子從金屬 Mg^0 移動到鹵烷化合物。雖然有人提出一次移動 1 個電子的複雜反應機制,但從結果來看一共有 2 個電子從 Mg^0 移動到鹵烷化合物變成 Mg^{2+},使烷基末端的碳變成負電(俗稱碳負離子)。

已知此類反應不只會發生在 Zn 和 Mg,也會發生在各種金屬原子上,尤其對元素週期表上存在於第 3 族到第 11 族元素之間的過渡金屬是很重要的反應。雖然每種元素反應機制的詳細內容都不單淳,但畫成一般化的圖就如同圖 3 所示。金屬的 2 個電子會移動(氧化),跟末端的碳發生加成反應,這過程叫做氧化加成反應。

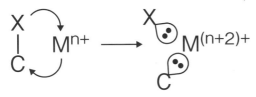

圖 3 金屬的氧化加成反應
(這裡沒有畫出碳的其他鍵)

如果對反應再下更多工夫,還可以做出帶 2 個烷基的中間體。此時會發生氧化加成反應的逆反應,跟金屬結合的 2 個烷基會把 2 個電子還給金屬,形成碳－碳鍵後脫離。這叫做還原消除反應(圖 4)。

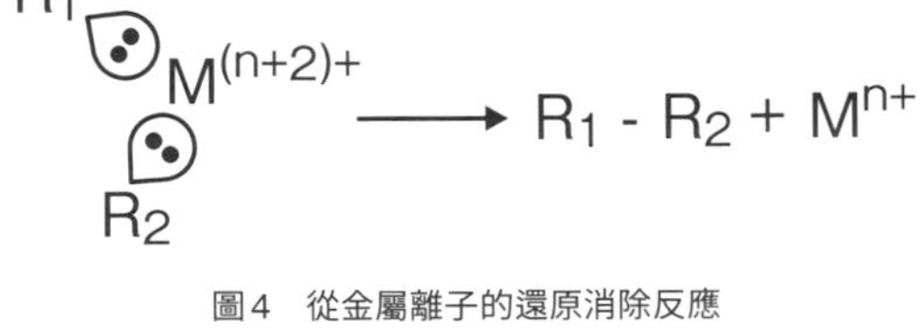

$$R_1 \overset{\bullet\bullet}{\underset{\bullet\bullet}{M^{(n+2)+}}} R_2 \longrightarrow R_1 - R_2 + M^{n+}$$

圖 4　從金屬離子的還原消除反應

諸如此類的製造碳－碳鍵的反應,作為一種製造新化合物的有機合成化學方法有了長足發展。2010 年的**諾貝爾化學獎**得主**理察・弗雷德・赫克**(1931-2015 年,美國人)、**根岸英一**(1935 年-,日本)、**鈴木章**(1930 年-,日本)也因各自研究出不同方法來製造碳－碳鍵而受到褒揚。日本在此領域更是特別領先,有許多優秀的研究成果。

在觀察的領域，機會永遠留給準備好的人。

—— 路易・巴斯德（1822–1895年）

13

有機化學

伍華德

勞勃‧伯恩斯‧伍華德（1917－1979年）／美國

生於麻薩諸塞州的波士頓，自小學時代就對化學抱有興趣，據說在中學時就讀遍德語的化學著作。16歲考進麻省理工學院（MIT），但因怠忽學業，隔年就遭到開除。不過18歲時再度錄取，並於19歲獲得學士學位，20歲就拿到博士。可說是傳奇的跳級生。一生都在哈佛大學做研究，1965年獲頒諾貝爾化學獎。

天然物化學的發展

　　許多天然化合物被人類用來製造藥物、染料、香料等生活用品，同時老祖宗們也透過實際經驗摸索出哪些化合物危險有毒，並被人類的智慧拿來運用。**有機化學**最早就是為了研究這些天然的物質才誕生的。化學家從植物和動物體內萃取、分離、精煉這些化合物，定義他們的結構，藉以更了解它們。

　　年紀輕輕就拿到博士學位，進入哈佛大學做研究的伍華德，也同樣解開了許多天然化合物的結構。在當時，化學家們要了解一種化合物結構，通常會先從生物體內取出化合物，然後加水分解調查分解物的結構，或使其與取代基（substituent）反應變成誘導體再調查其結構，以此類推原始化合物的結構。但伍華德率先引進當時最新的紫外可見吸收光譜法和紅外可見吸收光譜法來確定化合物的結構。後來問世的核磁共振技術當然也是強力的手段。

天然物的全合成

　　19世紀中葉，維勒和科爾貝等人證明了天然化合物可以在燒杯中合成後，有機化學便開始挑戰天然物的全合成。

　　所謂的全合成，就是只用非天然且隨手可得的簡單化合物，完全在燒杯中以人

為方法合成特定的天然化合物。例如，第一個弄清糖的結構的赫爾曼 埃米爾 費歇爾（1852-1919年，1902年拿到諾貝爾化學獎）便成功用甘油合成出葡萄糖、果糖、甘露糖（1890年）。

　　伍華德剛開始做研究時，恰好是從**有機化合物**的電荷分配情況來討論其化學性質和反應性的「**有機電子論**」出現的時候。受到1910年代路易斯（p.114）等人的研究影響，英國的羅伯特‧魯賓遜（1886-1975年，1947年獲頒諾貝爾化學獎）等人載1920-1930年代間建立了有機電子論。

　　伍華德沒有盲目地實驗各種反應，而是先用有機電子論深入考察化學反應的機制，再用實驗驗證。同時，他使用紅外光譜和核磁共振光譜當分析工具，預測化學反應，有條理地完成多階段的全合成。就這樣，他成功合成出許多原本被認為不可能實現全合成的天然物質。例如奎寧（金雞納樹樹皮的成分）、膽固醇（膽結石的成分）、可的松（副腎皮質）、番木鱉鹼（馬錢子）、麥角酸（麥角菌）、利血平（蛇根木）、葉綠素、秋水仙素（秋水仙的種子）、頭孢菌素（頂頭孢分泌的抗生素）等等（圖1）。

　　不僅如此，他還付出了上百步反應的驚人努力，成功實現維生素B12的全合成（圖2）。據說當時他的研究室約有上百名博士後研究員和研究生參與。他因為這些

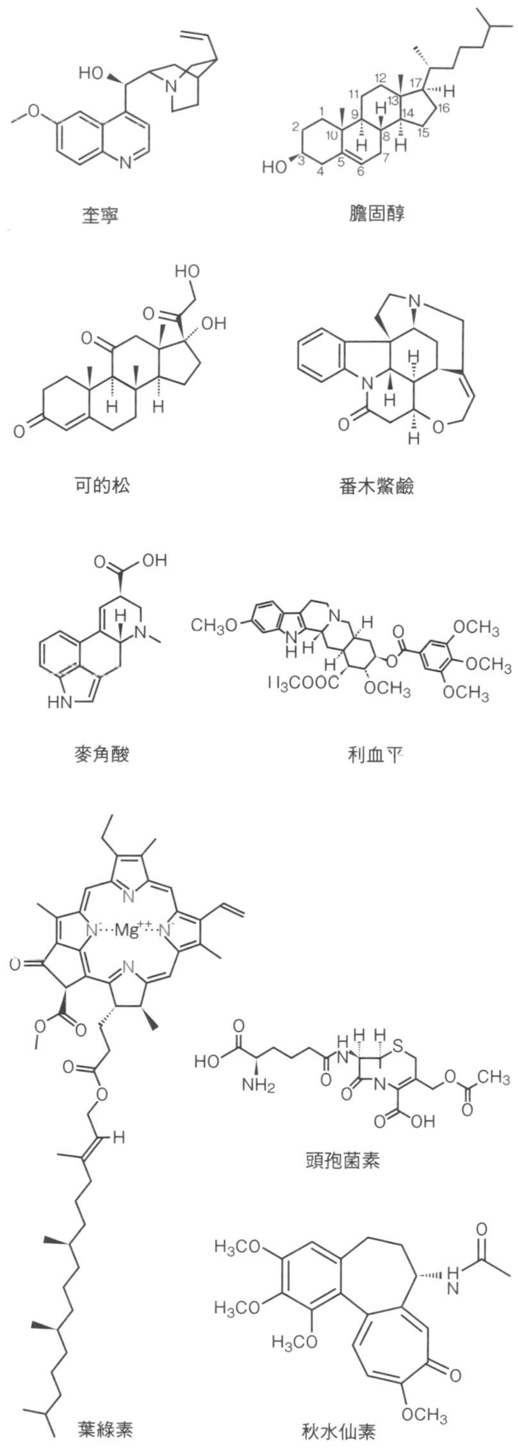

奎寧

膽固醇

可的松

番木虌鹼

麥角酸

利血平

頭孢菌素

葉綠素

秋水仙素

圖1 伍華德全合成出的部分化合物

成就在1965年獲頒諾貝爾化學獎。

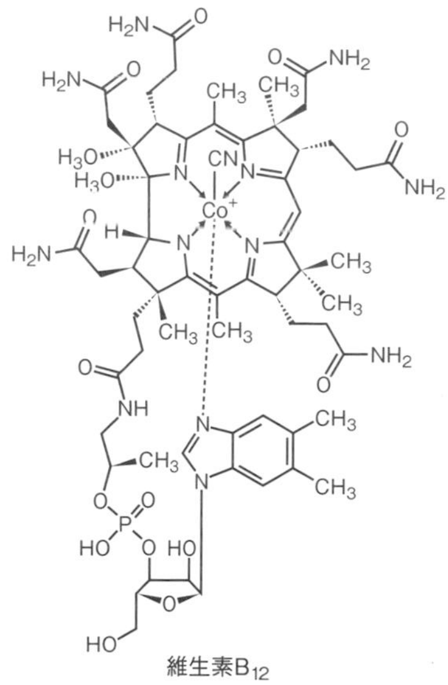

維生素B12

圖2 維生素B12的結構式

發現伍華德-霍夫曼規則

伍華德在多達上百步反應程序的維生素B12的全合成中嘗試過大量的化學反應,他引入福井謙一(p.162)提出的**前緣分子軌域理論**做了極深入的考察,最後想出了伍華德-霍夫曼規則(**分子軌域對稱守恆原理**)。這就是伍華德的了不起之處。他把自己的想法告訴量子化學家霍夫曼,漂亮地獲得量子化學計算的佐證,證實了自己的想法。但伍華德在福井和霍夫曼兩人於1981年拿到諾貝爾化學獎的2年前就過世了,很遺憾地沒有機會拿到第二個諾貝爾化學獎。

伍華德被譽為20世紀最偉大的有機化學家。

有機化學的近代發展

合成染料與化學工業

前面說過，有機化學從過去的天然物化學發展成現代的有機合成化學，而在努力合成各種有用天然物的過程中，「染料」有了很大的進步。自古以來，紫色就被視為一種高貴的顏色，在大多文明中僅有國王、貴族、神職人員等少數階職可以使用。從植物藍色素中提煉的藍色染料，以及從螺類黏液中提煉的貝紫色染料，在古代都是極其昂貴稀有的東西。

英國的**威廉‧亨利‧珀金**（1838-1907年）在皇家化學學院當助手時，在用苯胺合成奎寧的實驗中，偶然發現此過程可以合成出紫色色素（1856年）。他把這種色素染到布料上，發現可以染出漂亮的紫色，立刻看到其中的商業價值。於是他以紅紫色錦葵的法語名，將這種顏色取名為錦葵紫（mauve），迅速流行開來。

珀金當時年僅18歲，因為這項發現而一夕致富。後來他受賜騎士爵位，人稱珀金爵士。在1862年的倫敦博覽會上，維多利亞女王身穿的禮服，就是用錦葵紫染色的布料所織。

此外珀金還合成出紅色染料的茜素（1869年）。日本正倉院的織物習慣用茜草根當紅色染料，而茜草根中的紅色素正是茜素。珀金本想為茜素的合成方法申請專利，卻被德國的BASF公司搶先一天拿到專利。

在英國，18世紀中葉到19世紀初期，織造機器的改良、蒸汽機的發明、鋼鐵業的發展引發了**工業革命**。珀金爵士的發明正好趕上棉織物的生產革命。在幕後撐起工業革命的隱藏主角是煤炭。是燃燒煤炭的能源驅動了蒸汽機，也是煤炭乾餾後的碳塊（焦炭）扮演還原劑的角色給予鐵礦石（氧化鐵）電子（還原反應），才讓人類得以大量生產鐵金屬。多虧了鐵強韌且易於變形加工的特徵，織布機等眾多機械和橋樑等建材的生產速度才能大幅提升。化石資源的煤炭不只被人類當成**能源**、**電子源**利用，珀金發明的合成染料錦葵紫，後來也同樣使用煤炭當作**碳源**，為人類社會生產大量有用的產品。這就是有機化學產業（煤炭化學的工業化）的起始點。在第二次世界大戰後，石油又取代煤炭成為新的主角。

長不一樣的碳（不對稱碳原子）？

話題回到有機化學。除了天然物化學、有機金屬化學外，還有一個同樣值得注目的領域是**不對稱化學**。有機化合物是一種以碳為中心的化合物，而科學家們已經知道**有機化合物**的碳是不對稱（長不一樣的意思）的。但長不一樣又是什麼意思呢？

近代細菌學之父**路易‧巴斯德**（1822-1895年，法國人）原本是一位化學家，有一次他在研究釀葡萄酒的木桶內沉澱物所含的酒石酸時，發現溶有沉澱物的水溶液時會使射入的**偏振光***往右旋，但人工合成的酒石酸水溶液卻不會。

*偏振光
光是一種電場和磁場振動方向跟前進方向垂直且彼此也互相垂直的橫波。只看電場的話，光是朝正負兩方向上下直線振動。自然光混合了往各種方向直線振動的光，但在通過某些特殊結晶或偏振片時，可以過濾出單一電場振動方向的光。這就叫**偏振光**。

圖1 酒石酸銨鈉的2種結晶形狀

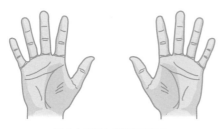

圖2 右手和左手形狀不重合

旋的酒石酸。代表生物只會選擇性吸收其中一種。

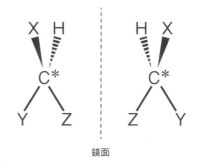

圖3 擁有不對稱碳原子的對映異構物
（右手和左手的關係）

因發現電磁學的必歐-沙伐定律而聞名的尚-巴蒂斯特・必歐（1774-1862年，法國人）在研究偏振光的時候，於1815年發現光通過有機物溶液時，偏振面有時會往右或往左旋，也就是所謂的旋光現象。而巴斯德也做過旋光的實驗。巴斯德把人工合成的酒石酸銨鈉結晶放在顯微鏡下觀察，發現了兩種形狀相似但成鏡像對稱的結晶形狀（就如左手和右手的關係）（圖1、2）。

巴斯德用鑷子把這2種結晶分成兩堆，分別用酸處理成酒石酸的形狀，再觀察通過兩種溶液的偏振光，發現一個的偏振面會向右轉（右旋性），另一個則會向左轉（左旋性）（1848年）。隨後巴斯德又把黴菌放入人工合成的酒石酸溶液中培養，發現原本的酒石酸溶液明明不會讓偏振面旋轉，但丟入黴菌培養一段時間後，偏振面卻變得會往左旋（1858年）。換言之，微生物的黴菌「吃掉了」會讓偏振面往右

對於這個不可思議的現象，科學家有很長一段時間都找不到解釋，直到**凡特荷夫**（p.62）和約瑟夫・阿基里・勒貝爾（Joseph Achille Le Bel，1847-1930年，法國人）兩人幾乎同時分別推理出碳鍵的正四面體結構，認為當與碳原子結合的4個取代基全都不同時，會存在2個如左手和右手的異構物（**光學異構物**）。此時位於中心的碳原子就叫**不對稱碳原子**，而2個光學異構物互為**對映異構物**（圖3）。

一如巴斯德觀測到的那樣，生物只會生產、代謝（吃掉）其中一邊的對映異構物。換言之，若能隨心所欲地合成對映異構物，就能製造出對生物體有效的醫藥品。例如在跟羰基化合物反應中，如圖4所示，X－從羰基平面的正面攻擊和從平面背面攻擊時，生成物應互為對映異構物。

使反應物從指定方向反應，合成特定生成物的過程叫做不對稱合成。若能像生物一樣100%只合成其中一種生成物，那就算是終極的有機化學了。在這類反應中，如格氏試劑這樣的**有機金屬化合物**是很重

要的武器。

　　由於對不對稱合成的貢獻，威廉·斯坦迪什·諾爾斯（1917-2012年，美國人）、**野依良治**（1938年-，日本人）、卡爾 巴里 夏普萊斯（1941年-，美國人）三人在2001年拿到了**諾貝爾化學獎**。

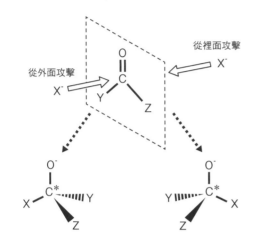

圖4 使反應物從指定方向反應的不對稱合成

14 量子化學

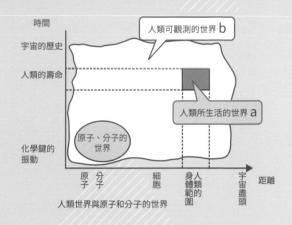

海特勒
(1904~1981年)

第一個用量子力學來理解物質
（氫）的人

馬利肯
(1896~1986年)

提出分子軌域理論

福井謙一
(1918~1998年)

建立前緣分子軌域理論

圖1 從時間和距離看自然現象

如果把所有自然現象畫到時間（縱軸）和距離（橫軸）的二維座標圖上，人類的壽命範圍和活動範圍所重疊的區域，就是人類所生活的世界（圖1-a）。在16世紀末顯微鏡問世，以及17世紀望遠鏡發明前，人類可觀測的領域就只有肉眼可見和雙手可觸及的範圍。這個範圍和尺度中所發生的自然現象，都可以完全用**牛頓力學**來理解。

但現在，隨著觀測方法的飛躍性進步和多元化，人類的可觀測領域變得比以前更大更廣（圖1-b），我們也必須改用比牛頓力學更全面的**量子力學**來理解這世界。從**電子、原子、分子**、到人類等物體的運動，全都可以用量子理學來解釋。

逼近觀測極限的領域叫做極限領域。在那些現代科學還無法觀測的領域（圖1的a＋b之外的領域：極短或極長時間和距離的領域），是否還存超越量子力學的新力學原理呢？那個領域對物理學或許是永遠也無法觸及的夢想也說不定。

另一方面，即使是在化學主要研究的可觀測領域（圖1-b）中，在靠近極限領域的地方也仍有可能發現新的現象。舉個例子，原子、分子的世界和人類世界其實有很大的隔閡，研究人類的語言（柔軟、堅硬等）跟原子和分子的語言（鍵角和鍵距等）之間到底有何關聯，就是材料科學這門領域的主題。

而量子化學則嘗試把量子力學應用到化學世界，去解釋物質的形成和變化原理，進而預測它們。

第一個用量子力學去解釋物質（氫）的化學鍵的人是**海特勒**。隨後**馬利肯**提出分子軌域理論，讓科學家對分子的電子狀態有更深的理解。**福井謙一**則發現了分子在實際反應中前緣軌域的重要作用，加深了人們對化學反應的認識。

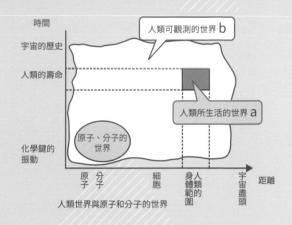

（圖中文字：時間、宇宙的歷史、人類的壽命、化學鍵的振動、人類可觀測的世界 b、人類所生活的世界 a、原子、分子的世界、原子、分子、細胞、身體範圍、人類的圍、宇宙盡頭、距離、人類世界與原子和分子的世界）

海特勒

瓦爾特·海因里希·海特勒（1904－1981年）／德國

生於卡爾斯魯厄，就讀柏林大學和慕尼黑大學，曾接受知名的量子力學開山祖阿諾·索末菲（1868-1951年）指導。因反對納粹政權而移居英國，在第二次世界大戰結束後的1949年成為蘇黎世大學的教授。曾跟諾貝爾物理學獎得主漢斯·貝特（1906-2005年）共同提出帶電粒子（電子）通過物質時的能量損失和韌致輻射的貝特-海特勒公式，在宇宙輻射領域留下貢獻。

將量子力學應用到化學：量子化學的誕生

20世紀初期的物理學進步非常顯著。物理學的觸角已經超出人類世界的**牛頓力學**，能夠觀測到部分原子和電子的世界，並計算能量不連續的值（量子論）。

1926年，**薛丁格**以德布羅意（1929年的**諾貝爾物理學獎得主**）的物質波概念為基礎，導出波動方程式，建立了量子力學（1933年拿到諾貝爾物理學獎）。

受此影響，海特勒立刻開始嘗試將量子力學應用到物質上。人類和足球的運動可以用牛頓力學來理解，但電子和分子的世界卻不行。但是，量子力學真的就能解釋嗎？身為一位科學家，會想解開這個疑問是很自然的願望。這相當於把焦點從物理學轉移到化學。海特勒在隔年的1927年，使用量子力學，亦即**薛丁格波動方程式**考察了最基本的物質——**氫**分子的化學鍵。他還找了自己的同事弗里茨·倫敦（1900-1954年，德國人，後移居美國），一同提出了**海特勒-倫敦共價理論**。

當時海特勒才23歲，而倫敦也只有27歲（弗里茨·倫敦因1937年用量子力學解釋了分子和分子間的弱結合力（倫敦色散力）而成名）（p.120）。

海特勒-倫敦的氫分子共價理論

氫原子是由氫原子核和周圍的1個電子組成。當2個氫原子靠近時會結合成氫分子，其原理可以用圖1的方式來理解。

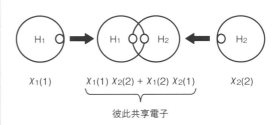

$$\chi_1(1) \qquad \chi_1(1)\,\chi_2(2) + \chi_1(2)\,\chi_2(1) \qquad \chi_2(2)$$

彼此共享電子

圖1 海特勒-倫敦共價理論對氫分子化合鍵的理解

氫原子核和電子的運動需要用量子力學來思考。這部分可能會有點難懂，不過還是讓我們用薛丁格波動方程式來解釋一下。

氫原子（1）（H_1）的**電子**（1）的運動可以用式……①的**薛丁格波動方程式**來表示。這裡的 $\mathcal{H}(1)$ 叫做哈密頓算符，代表電子（1）的動能和位能。$\chi_1(1)$ 是氫原子（1）中的電子（1）的波函數，$E(1)$ 是電子（1）的能量。

$$\mathcal{H}(1)\chi_1(1) = E(1)\chi_1(1) \qquad \cdots\cdots ①$$

同樣的，氫原子（2）（H_2）中的電子（2）的運動也可寫成式……②。

$$\mathcal{H}(2)\chi_2(2)=E(2)\chi_2(2) \quad \cdots\cdots ②$$

那麼氫分子的波動方程式是什麼樣的呢？

對於氫分子的結合方式，海特勒是以**路易斯**（p.114）在1916年提出的**共用電子對**（路易斯的電子式：p.114）為基礎來思考的。如果氫分子的氫原子（1）的電子（1）和氫原子（2）的電子（2）是共用的，那麼考慮到**波函數**的性質（能量是相加，波函數是相乘），則可用式……③來想。

$$\mathcal{H}(氫分子)\ [\chi_1(1)\chi_2(2)+\chi_1(2)\chi_2(1)]$$
$$= [E(1)+E(2)]\ [\chi_1(1)\chi_2(2)+\chi_1(2)\chi_2(1)] \cdots\cdots ③$$

換言之，為了表現氫原子（1）有電子（1），氫原子（2）有電子（2）的狀態（$\chi_1(1)\chi_2(2)$）和氫原子（1）有電子（2），氫原子（2）有電子（1）這兩種狀態，海勒特把氫分子的波函數想成$\chi_1(1)\chi_2(2)+\chi_1(2)\chi_2(1)$。於是就有了兩個原子的鍵結（**化合價**）握住彼此的價鍵理論。

此時，計算氫原子（1）和氫原子（2）不同距離下的總能量，可以得到圖2的曲線。換言之，隨著兩個原子由遠方逐漸靠近彼此，我們可以把能量想像成一顆從往谷底滾落的球，整體變得愈來愈穩定而完成結合。

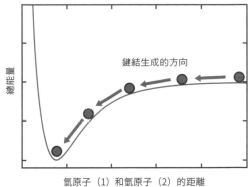

圖2 氫分子的能量曲線

後來約翰·克拉克·斯萊特和萊納斯·卡爾·鮑林根據**海特勒-倫敦共價理論**發展出**價鍵理論**（valence bond，VB理論）。

小故事

牛頓、歌德、海特勒

一如其他許多科學家，海特勒也對科學技術的成果被用於大規模破壞兵器十分感慨，做了很多哲學性的思考。海特勒的著作《Der Mensch und die naturwissenschaftliche Erkenntnis（人類與科學知識）》在1962出版後經歷過多次再版，海特勒在書中將物理學界的大巨人——牛頓定量式的「光學」，跟中世紀文豪歌德定性式的「色彩論」做了對比，認為歌德所主張的定性式自然科學加入了許多隱喻，以避免科學背離人性。

馬利肯

羅伯特・桑德森・馬利肯（1896－1986年）／美國

麻省理工大學（MIT）的有機化學教授山謬・帕森斯・馬利肯之子，生於麻薩諸塞州的紐伯里波特。羅伯特・馬利肯自小就擁有記憶力超群，成績優秀。1913年高中畢業時，他受到尼爾斯・波耳於同一年發表的原子模型啟發，發表了一篇名為"Electrons—What they are and what they do"的小論文，從中可一窺其優秀。羅伯特從麻省理工大學（MIT）畢業後，由於當時美國正好參加第一次世界大戰，因此他也短暫參與了毒氣武器的研究。他在實驗時曾不小心被芥子毒氣嗆傷而療養了半年，對物理學和化學都有涉獵。

疾風怒濤的大躍進

在1926年**薛丁格的波動方程式**發表後，隨即發生了**量子化學**的大躍進。在短短數年間有了巨大的進步。

馬利肯在芝加哥大學取得博士學位後，於1925-1927年間前往歐洲留學，跟弗里德里希 洪德等新生代量子力學學者們展開交流。1927年，洪德和馬利肯分別發展出自己的**分子軌道法**的相關理論。

馬利肯主要對雙原子分子的電子狀態和**分子**會吸收哪種波長的光來發光（吸收光譜和發射光譜）做了深入研究。例如，在討論**氫**分子時，馬利肯不是用2個氫原子的結合來想，而是把氦（核電荷是+2，有2個電子（電荷是−2））看做2個氫原子的融合原子。他認為如果把氦原子一分為二後會形成氫分子，那麼氦原子的2個電子會在新產生的氫分子中的軌域，也就是「分子軌域」上運動（圖1）。

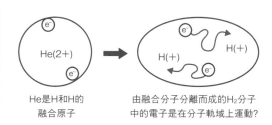

He是H和H的融合原子

由融合分子分離而成的H_2分子中的電子是在分子軌域上運動？

圖1 馬利肯的分子軌域
（從融合原子變成雙原子分子）

2年後的1929年，約翰・蘭納-瓊斯（1894-1954年）根據馬利肯想像的「分子軌域」，推論雙原子分子的分子軌域是由原子1的軌域 χ_1 和原子2的軌域 χ_2 的波疊加而成，並提出了 $C_1\chi_1+C_2\chi_2$ 的波函數（C_1、C_2是係數）。因為是原子軌域的*線性組合，所以被稱為原子軌域線性組合（Linear Combination Of Atomic Orbitals Method：LCAO法）。

馬利肯把這個想法融入分子軌域，進一步發展這項理論。對於氫分子，若考慮波函數的性質（能量是相加，波函數是相乘），則會得到如圖2的波函數。

*線性組合
像$ax+by+cz$這種變數（x、y、z等）乘上常數（a、b、c等）後相加的組成。又叫一次結合。而$ax^2+bxy+cy^2$等則叫二次結合。

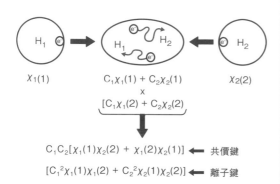

$$\chi_1(1)$$
$$C_1\chi_1(1) + C_2\chi_2(1)$$
$$\times$$
$$[C_1\chi_1(2) + C_2\chi_2(2)]$$
$$\chi_2(2)$$

$$C_1C_2[\chi_1(1)\chi_2(2) + \chi_1(2)\chi_2(1)] \leftarrow 共價鍵$$
$$[C_1^2\chi_1(1)\chi_1(2) + C_2^2\chi_2(1)\chi_2(2)] \leftarrow 離子鍵$$

圖2 氫分子的分子軌域

如圖2所示，氫的分子軌域$[C_2\chi_1(1)+C_2\chi_2(1)]\times[C_1\chi_1(2)+C_2\chi_2(2)]$可以重新整理成$C_1C_2[\chi_1(1)\chi_2(2)+\chi_1(2)\chi_2(1)]+[C_1^2\chi_1(1)\chi_1(2)+C_2^2\chi_2(1)\chi_2(2)]$，第1項代表<u>電子</u>（1）在$\chi_1$上，電子（2）在$\chi_2$上的狀態及其相反的狀態，用於表現兩個原子共享電子的狀態。另一方面，第2項也可以表示電子（1）和電子（2）都在χ_1上的<u>離子鍵</u>狀態。這點就是跟價鍵理論的不同之處。又或許可以說是比價鍵理論更先進的地方。

<u>價鍵理論</u>的優點是原子用鍵結握手連結的概念非常直覺好懂，但遇到複雜分子時就會捉襟見肘。所以後來在討論分子的電子狀態時，<u>分子軌道法</u>漸漸成為主流。

由於分子軌域理論的研究成果，馬利肯在1966年拿到<u>諾貝爾化學獎</u>。

馬利肯的電負度

馬利肯將原子的電負度看做「電子的釋出性（離子化電位：Ip）」和「電子的接收性（電子親和力：－Ea）」兩者的平均值，提出了自己獨創的電負度理論（1934年）。這個理論跟<u>鮑林</u>提出的電負度值非常吻合（圖3）。換言之，鮑林和馬利肯兩人同時用自己的方式建立了正確的解釋方法。

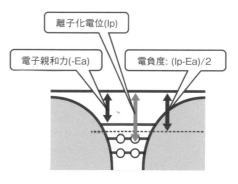

圖3 被關在原子中的電子和電負度。形狀像一個牽牛花形的深井。

除此之外，馬利肯還對分子和分子間的結合力及其光譜提出了<u>電荷轉移配合物的理論</u>（1950年）。電荷轉移配合物理論之後由馬利肯分子結構和光譜實驗室（Laboratory of Molecular Structure and Spectra）的研究員長倉三郎（1920-2020年）和接觸電荷轉移配合體的發現者坪村宏（1928-2008年）繼承。

小故事

據說馬利肯的演講內容有時不太好懂。有一次馬利肯的妻子瑪麗海倫很擔心聽眾聽不懂馬利肯的演講，便問他「你都是怎麼準備演講的？」，結果馬利肯竟反問「演講需要準備什麼嗎？」。換言之馬利肯根本沒有為演講做準備的概念。根據卡莎（1920-2013年：p.122）的說法，馬利肯的演講與其說是在向別人說話，倒更像是在自言自語。就連寫論文也是，尤其是他早期的論文，註解的字數甚至常常比正文還要多。

14

量子化學

福井謙一

福井謙一（1918－1998年）／日本

生於奈良縣平城村（現奈良市），在大阪市西成區長大，喜讀法布爾昆蟲記和夏目漱石。尤其喜歡數學，被大伯父喜多源逸（京大教授）建議「既然喜歡數學就去唸化學」，報考了京都帝國大學工業化學系並於該系畢業。曾任京都大學教授、京都工藝纖維大學校長等職，是亞洲第一位**諾貝爾化學獎**得主（1981年）。

量子化學的新發展：前緣分子軌域理論

在1920-1930這個疾風怒濤的時代，量子化學成功用**量子理論**解釋了電子狀態，實現了巨大進展。而下一個挑戰則是要解釋真實的化學反應。

在1920-1930年代，英國學派的羅伯特·魯賓遜（1886-1975年，於1947年獲頒諾貝爾化學獎）和克里斯托夫·英果爾德（1893-1970年）等人建立了**有機電子論**，認為有機化學反應是在電子偏向某一邊（正極或負極）時發生，做了定性的解釋。尤其氮、氧、鹵素等元素跟碳結合時（稱為取代基），因為兩邊對電子的吸引程度不一樣，所以化學反應會在正電荷和負電荷互相吸引的地方反應。當然，多數有機化學反應都可以用有機電子論來解釋。然而，沒有取代基的碳氫化合物電子幾乎不偏向任何一邊，所以很難用有機電子論來解釋。就在此時，福井謙一出現了。

福井在二戰期間被任命為陸軍燃料研究所的陸軍技術上尉，奉命研發飛機燃料。他曾研究如何從松脂提取油當作飛機的燃料，但發現油類作為一種碳氫化合物，幾乎沒有取代基。也因此其反應性無法用當時正流行的用正負電來詮釋化學反應的有機電子論解釋。

福井對這點產生疑問，於是回到大學後開始用量子化學深入研究化學反應的進行。最後在34歲時於美國的《物理化學化學物理》雜誌發表了一個新理論（1952年）。也就是**前緣分子軌域理論**。

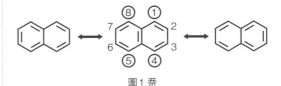

圖1 萘

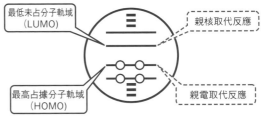

圖2 分子的前緣軌域
（HOMO 和 LUMO）

例如萘（圖1）這種化合物，不論是親電取代反應（在電子比較多的地方反應：親負極的反應）還是親核取代反應（在電子比較少的地方反應：親正極的反應），都一定會在1、4、5、8的位置（圖1的黃色部份）發生反應。親負極的反應和親正極的反應都在同一個地點反應，這是有機電子論無法說明的現象。

福井使用量子化學理論，主張分子化學反應是由有電子存在的軌域中最上面的軌域（最高占據分子軌域：俗稱**HOMO**。是電子最容易釋出的軌域），和沒有電子

図3 伍華德和霍夫曼的分子軌道對稱守恆原理對化學反應的詮釋

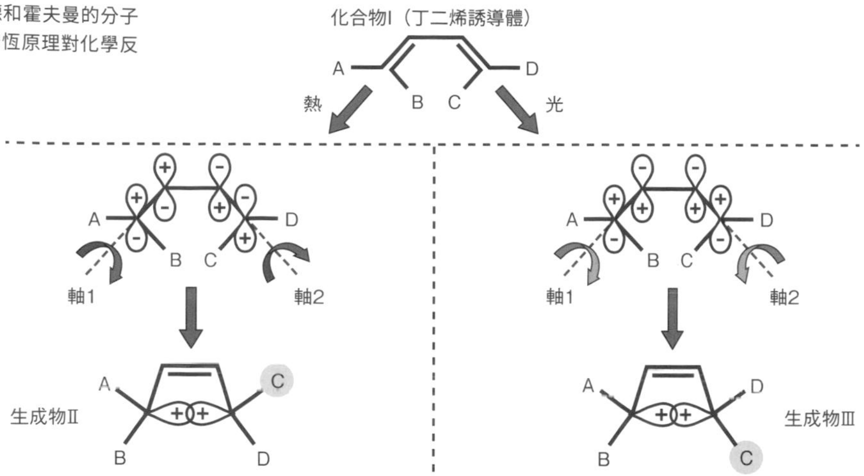

存在的空軌域中最下面的軌域（最低未占分子軌域：俗稱LUMO。最容易接收電子的軌域）的性質決定的。因為HOMO和LUMO是在最前線活躍的軌域，所以福井把這兩個軌域稱為前緣軌域。

1965年，伍華德（p.152）注意到了前緣分子軌域理論。他認為自己發現的眾多化學反應都可以用前緣軌域的對稱性來說明，於是委託自己的研究夥伴羅德‧霍夫曼（1937年-：量子化學的擴展休克爾方法的建立者）做量子化學計算。霍夫曼著眼於前緣軌域的對稱性，成功地解釋了化學反應的進行。

例如，以圖3的化合物I的加熱或光反應為例。此化合物加熱反應後會生成生成物II，照光後會生成生成物III。由丁二烯誘導體環化後會變成四環的生成物，此時請仔細觀察取代基C（黃色）和D的關係。生成物II和III的C和D方向是相反的。這個現象就可以用前緣分子軌域的性質來說明。

在熱反應（圖3左，生成物II的路徑）中，電子會進入HOMO。觀察其軌域對稱性，符合丁二烯誘導體兩端之碳的軌域（帶A、B的左側碳軌域）是上方為＋，而帶C、D的右側碳軌域是下方為＋。因為生成了生成物II，所以兩端的碳軌域的＋和

＋會重疊，使軸1和軸2必須朝相同方向旋轉。

另一方面，在照到光時（圖3右，生成物III的路徑），HOMO的1個電子會躍遷到LUMO。換言之，照光應該會影響LUMO的軌域性質。

LUMO的軌域對稱性就如圖3右邊的路徑可見，兩端的碳的軌域中，＋符號都是在上方。換言之，要讓兩端的碳結合在一起（使＋和＋重疊），軸1和軸2的旋轉方向必須相反，因此會產生生成物III。漂亮地解釋了化學反應的進行方式。

圖3這種說明方式叫做伍華德-霍夫曼規則（分子軌道對稱守恆原理）。霍夫曼因為這項成就，跟福井一同在1981年拿到諾貝爾化學獎。而伍華德則在2年前就已經去世，因此很可惜沒能拿到第二個諾貝爾。

小故事

福井曾留下一個名言金句。

「企業只為自己著想的時代已經結束了。為全世界、全人類著想，這才是企業應有的高度。」

用量子化學思考

人類跟電子、原子、分子的運動有不同嗎？：能量的量子化

原子是由帶正電的原子核和帶負電的電子組成。帶負電的電子被帶正電的原子和牢牢吸住，無法逃脫。就好像被困在箱子裡。

在**量子力學**中，質點（有質量的點：比如電子和人類）可擁有的能量可用 $En=n^2h^2/(8ml^2)$ 這個數式來表示。n 是量子數（1、2、……），m 是質點的質量（電子的質量，一個人的體重），l 是行動範圍（箱子的底邊長，人所在的教室的邊長），h 是普朗克常數。換言之，在量子力學中不只是電子，連人類的能量也可以**量子化**（不連續值）（圖1）。

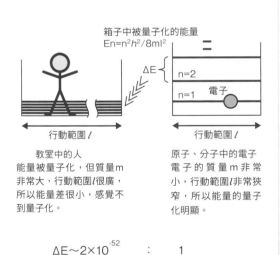

箱子中被量子化的能量
$En=n^2h^2/8ml^2$

ΔE { n=2 n=1 電子

行動範圍 l ｜ 行動範圍 l

教室中的人能量被量子化，但質量 m 非常大，行動範圍 l 很廣，所以能量差很小，感覺不到量子化。

原子、分子中的電子電子的質量 m 非常小，行動範圍 l 非常狹窄，所以能量的量子化明顯。

$\Delta E \sim 2 \times 10^{-52}$ ： 1

圖1 原子中的電子和教室中的人

接著，讓我們用 m（電子是 9.1×10^{-31} kg，人類大約是 50kg）和 l（對分子中的電子約為 5×10^{-10}），對教室中的人約為 5m）的粗估值來算算這個能量吧。若原子中的電子能量的「不連續性：n和n＋1之間的能階差」為1，則教室中的人的能量的「不

連續性」將只有 2×10^{-52}（幾乎為零）。換言之教室中的能量可擁有的能量是「連續」的。這很符合我們實際的感受。然而，原子和分子中的電子運動軌域的能量是量子化的。1個軌域只能放入兩個自旋方向不同的電子。電子具有小磁鐵的性質，而自旋方向相反就意味著磁場方向相反。

若碳原子核是步行的人，電子就像天空的飛機？

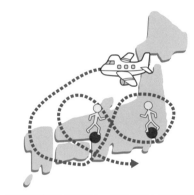

圖2 碳原子是步行的人，電子是天上飛的飛機？

讓我們用基本分子之一的乙烯（$CH_2 = CH_2$）為例吧。

乙烯是由**碳**（質量：2×10^{-26}) kg）、**氫**（1.7×10^{-27}kg）、**電子**（9.1×10^{-31}) kg）組成的。這3種質量不同的粒子，在乙烯分子中分別以多快的速度運動呢？若用我們身邊的物體來比喻，給予相同的能量時，如果把碳原子的運動性比喻成步行的人類（$\sim$ 4km／h），氫原子就像腳踏車（$\sim$ 14km／h），電子則像飛機（$\sim$ 600km／h）。當然這不是它們實際的速度，只是一種相對的比較。

如果把乙烯分子比喻成日本列島，那麼東京和大阪各有一個碳原子，當兩者用步行互相靠近時，電子就像飛機一樣在

日本列島各處飛來飛去。氫原子核則像是繞著碳原子核跑來跑去的腳踏車。跟電子（飛機）的高速運動相比，氫（腳踏車）和碳（人）簡直就像靜止不動。在**量子化學**中解波動方程式時，如果所有粒子都在到處跑，情況會變得非常複雜，無法求解。

因此，馬克斯・波恩（1882-1970年，1954年獲得諾貝爾物理學獎）跟朱利葉斯・羅伯特・歐本海默（1904-1967年）提議只考慮電子的運動，把原子核當作靜止不動（1927年）。這就是**波恩-歐本海默近似法**。

交換電子後符號會改變？

在關於**電子**的**波函數**中，主量子數（n）、角量子數（l）、磁量子數（m）、自旋量子數（s）這4個量子數規定了電子的運動。由這4個量子數決定的狀態叫做一個量子態。1925年，沃夫岡・恩斯特・包立（1900-1958年，瑞士人）提出了1個量子態不能存在2個全同粒子（費米子）的包立不相容原理。

也就是說，在理論上替換分子中的特定2個電子時，波函數也要變化，整個波函數的符號都必須改變。否則2個電子就會是相同的量子態。

什麼是類氫原子？

氫原子是由原子核（＋1的正電荷）和電子（－1的負電荷）這2個粒子組成，是所有原子中結構最簡單的。電子被氫原子核（質子）吸住，困在一個狹小的空間範圍內，在位能面上運動。用人類的世界來比喻，就像人被地球的重力拉著，只能

在地面上不停走動。此時我們可以嚴密地求波動方程式的解。

然而，在有2個電子的氦原子中，雖然可以用原子核的引力，以及跟電子2之間的斥力來定義電子1，但電子1卻無法得知電子2和原子核之間的引力。就像是三角戀一樣的關係。

而原子中的電子愈多，情況就愈複雜。這種問題叫做多體問題。此時我們將無法對波動方程式求解。而世上很多物質都含有大量氫原子以外的原子，不能因為波動方程式無法求解便舉白旗投降。科學家是不會放棄的。

於是科學家想出了一種叫「類氫原子」的假想原子（圖3）。例如對於碳原子，我們可以用碳原子核（＋6的正電荷）周圍只有1個電子的假想原子來求波動方程式的解。當然這不是正確的解，只是不得已之下用近似解代替來做量子化學計算。

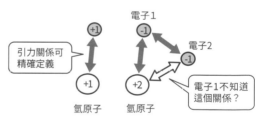

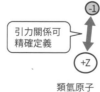

圖3 類氫原子的概念

表達波的疊加狀態？

從類氫原子的例子中可以知道，對於含有多個原子核和電子的分子，都無法直接求波動方程式的解。那麼該怎麼辦才好呢？科學家並沒有就此放棄，而是利用了波的疊加原理。

波具有疊加後相加變強或抵消變弱的特性。即使是複雜且函數形狀不明的波，也可以用各種基本的波疊加來重現。

一如前面在介紹**海特勒**、**馬利肯**時說明的，我們可以把構成分子的原子的各個軌域（χ_1）函數（波）相加，去近似出分子中的複雜波（波函數）。這是由蘭納-瓊斯提出的方法。就像 $\phi = C_1\chi_1 + C_2\chi_2 + C_3\chi_3 + \cdots$ 這樣，名為原子軌域線性組合（Linear Combination Of Atomic Orbitals：LACO法）。通過找出總能量的最低值，即可獲得係數C_i。

表達波的疊加狀態？

因為分子內含有很多電子，所以大多屬於多體問題（不是1對1關係，要處理3體以上交互關係的問題），無法輕易用量子化學計算。因此科學家想出了各種大膽的近似法來勉強求波動方程式的解，例如：

・經驗法：休克爾方法、擴充休克爾方法、PPP法等。

・半經驗方法：INDO、MNDO、ZINDO、PM法等。

・非經驗方法：全始計算（ai initio法）。不預設任何參數，從白紙狀態開始。包括哈特里-福克方程式和密度泛函理論（DFT法：華特・科恩〈1923-2016年〉1998年諾貝爾化學獎得主）等等。

對於溶液中的化學反應，分子通常會被溶劑分子包圍。而在生物體內的化學反應中，分子則會被酵素等複雜的**蛋白質**包圍。即使是這種俗稱超複雜系統的化學現象，也可以針對要關注的分子做嚴密的量子化學計算（QM）；至於太過複雜的蛋白質結構，也有把化學鍵當成彈簧模型等使用了**牛頓力學**的模型（MM）來計算的QM／MM法等（馬丁・卡普拉斯[1930年-]、邁可・列維特[1947年-]、阿里耶・瓦舍爾[1940年-]等3人在2013年共同拿到諾貝爾化學獎）。另外像觀看高速攝影照片一樣，結合觀察一個個瞬間之變化的分子動力學（MD）的方法也在發展當中。

就像觀察一顆球滾過有山有谷的化學位能曲面（關係就像人類之於的地面，所以叫位能曲面），最後會在哪裡停下來一樣，科學家也在嘗試用量子力學來處理位能面和球的運動。

15 界面分析

魯斯卡
（1906-1988年）

發明電子顯微鏡

西格巴恩
（1918-2007年）

成功提高光電子能譜法的精度

賓寧
（1947年-）

掃瞄探針顯微鏡的始祖

　　物質的界面是物質跟外部世界接觸的部分，所以會發生各種不同現象。

　　例如分子的吸附和化學反應、界面處理和腐蝕等實用且重要的現象。因此，研究物質表面由什麼組成、呈現何種形狀，以及會如何跟外界反應、發生何種變化，對於研發各種材料非常重要。

　　為了弄清物質表面的形狀和性質，必須分析只有厚度只有幾個原子的超薄區域。然而，一般的化學分析方法多用來研究整個固體物質，如果要單獨了解固體極表面部分的性質，就必須使用專門的界面分析法。

　　在觀察界面形狀方面，**魯斯卡**發明的電子顯微鏡是最常用的工具。使用電子顯微鏡，可以觀察到光學顯微鏡看不到的nm（奈米）層級。

　　而要分析物質表面的元素，則可運用X射線電子能譜分析。這種分析法可以分析元素的化學狀態，而**西格巴恩**是這種技術的重要貢獻者。

　　至於要觀察原子層級的形狀，則要運用**賓寧**發明的掃瞄探針顯微鏡。近年的裝置甚至可在觀測形狀的同時檢測物性，已成為界面物性研究不可或缺的工具。

魯斯卡

恩斯特・魯斯卡（1906－1988年）／德國

生於海德堡，慕尼黑大學畢業後進入柏林工業大學就讀。想到可以用波長比可見光更短的電子束來拍攝更清晰的圖像，在1931年時跟馬克斯・克諾爾一同製作了世上第一台電子顯微鏡。1933取得博士學位後進入西門子公司，於在職期間實現了電子顯微鏡的產品化。後就任弗里茨・哈伯研究所的所長，並擔任過柏林自由大學和柏林工業大學的教授。1986年以80歲之齡獲得諾貝爾物理學獎，此時克諾爾已經過世17年。

光學顯微鏡的極限

顯微鏡可以放大影像，讓我們觀察到肉眼看不見的微小物體。理化課上大家都用過光學顯微鏡，是利用可見光來放大影響。光學顯微鏡的歷史很古老，據說是荷蘭的漢斯父子在1590年前後發明的。後來，顯微鏡被虎克和雷文霍克等科學家用來觀察水中的微生物和紅血球等生命科學的基礎物質。

那麼光學顯微鏡最小可以觀察到多細微的東西呢？光學顯微鏡雖然可以觀察到草履蟲和大腸桿菌等微米世界的存在，但無法觀察到病毒等比微米更小的物質。光學顯微鏡的原理是用透鏡聚集來自極小光點的光，利用光的性質讓光擴散成圓形來成像。所以，如果2個光點的距離太近，成像就會發生重疊，讓人看不出是來自2個不同光點的光（圖1）。

因此用顯微鏡放大試驗材料時，存在一個可辨別2個微小光點的極限距離（δ），叫做「**角解析度**」。角解析度可用光的波長 λ 求出：

$$\delta = 0.61 \frac{\lambda}{NA}$$

這裡的NA是數值孔徑，代表透鏡的性能。光學顯微鏡是用可見光（約400-800nm）當光源，乾式接物鏡的數值孔徑

最高為0.95，所以理論上角解析度只有幾百nm左右。

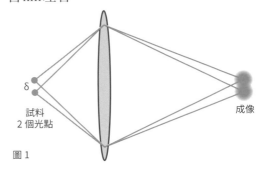

圖1

發明使用電子束的顯微鏡

電子在真空中可以自由移動，透過外部電場加速變成束狀。這種電子的集束叫做**電子束**。電子束也具有「波」的性質，而且波長比可見光更短（參照《物理學家的科學講堂》p.142，德布羅意），如果用電子束當顯微鏡的光源，就能比光學顯微鏡觀察到更小的試料。

魯斯卡看到了這點，在1931年跟馬克斯・克爾諾一同發明了使用電子束的顯微鏡。其原理是用電子束照射觀察對象，再把穿透過去的電子束強弱變成影像，是一種**穿透式電子顯微鏡**。初期的電子顯微鏡放大倍率只有10倍左右，但魯斯卡後來進入西門子公司持續改良設計，在1939年推出了最高倍率可達3萬倍的產品。

現在的電子顯微鏡會用100kv～200kv的加速電壓發射電子束，波長只有0.0037nm～0.0025nm，具有足以清楚辨識原子（數nm）大小的角解析度。圖2是鋁酸鑭（LaAlO₃）上的氧化鈦（TiO₂）薄膜截面的觀察圖，可以清楚看到光學顯微鏡觀測不到的原子排列。

如圖3所示，光學顯微鏡和穿透式電子顯微鏡的構造非常相似。光學顯微鏡是用玻璃透鏡來聚集可見光，而穿透式電子顯微鏡是用電場和磁場彎曲電子束的電子透鏡來成像。

然而這兩種裝置的大小也天差地遠，光學顯微鏡可以小到放在桌上，而穿透式電子顯微鏡卻大到會占據實驗室的整個角落。由於穿透式電子顯微鏡的原理是讓電子束穿透觀測對象來觀察，很適合用於需要詳細觀測內部結構的情況，但試料也必須非常地薄（厚度50nm以下）。

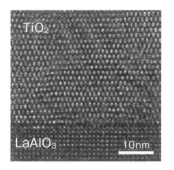

4
圖2

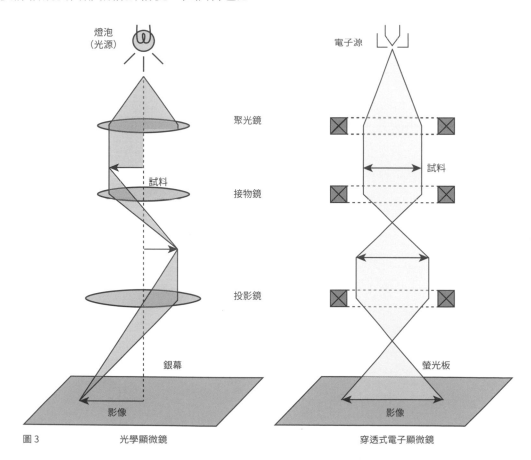

圖3　　　　光學顯微鏡　　　　　　　穿透式電子顯微鏡

使用二次電子的掃描式電子顯微鏡

　　除了用電子束照射試料時，除了觀察穿透試料的電子束外，也可以觀察試料釋放的電子和X射線（圖4）。在這些釋放的電子中，來自組成試料之原子的價電子（被束縛在原子核周圍的電子中最外層的電子）叫做二次電子。由於**二次電子**的能量及小，所以在試料深處產生的二次電子在試料內就會被吸收。最終只有在物質表面生成的二次電子會釋放到外部，因此只要捕捉二次電子就能觀測到界面的樣貌。

　　比起垂直照射試料，以傾斜角度發射電子束可以產生更多二次電子（圖5）。用細小的電子束掃描（scan）試料表面，將界面產生的二次電子量多寡轉換成影像，以此顯示界面凹凸情況的裝置就叫**掃描式電子顯微鏡**（圖6）。用這種顯微鏡觀察多孔質地的材料，就能得到如圖7的影像。把X射線檢測機裝在掃描式電子顯微鏡上，還能進行元素分析。因此，掃描式電子顯微鏡不僅能觀察試料形狀，還能用來調查試料含有哪些元素，當成X射線分析裝置使用。

　　掃描式電子顯微鏡的原型是由曾參與研發穿透式電子顯微鏡的馬克斯・克諾爾在1935年創造的，但真正第一台掃描式電子顯微鏡是曼弗雷德・馮・阿登納在1937年發明的。

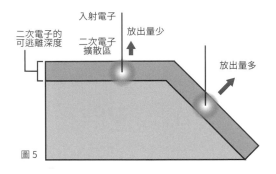

圖5

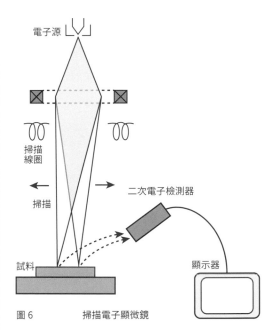

圖6　　　　　掃描電子顯微鏡

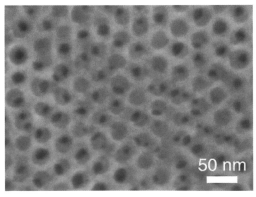

圖7

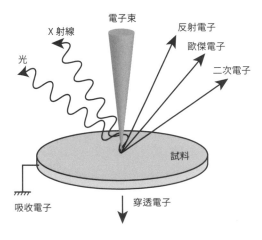

圖4

珍惜每一天。

每一天的些許差別，累積起來就是人生
的差距。

—— 勒內・笛卡兒（1596-1650 年）

15

界面分析

西格巴恩

凱‧西格巴恩（1918－2007年）／瑞典

生於瑞典南部的隆德，斯德哥爾摩大學博士畢業。曾任瑞典皇家工學院擔任教授，後轉至父親曾待過的烏普薩拉大學任教。發明了用高分解能的X射線光電子能譜來做化學分析的方法，1981年拿到諾貝爾物理學獎。其父曼內‧西格巴恩也是X射線光譜學的研究者，是1924年的諾貝爾物理學獎得主。

照到光會釋出電子的光電效應

用光照射物質，物質的表面會釋放電子。這個現象叫做**光電效應**，在19世紀後半葉由赫茲和霍爾瓦克斯（Wilhelm Hallwachs）發現。菲利普‧萊納德對此效應做了深入研究，發現只有特定波長以下的光可使物質釋放電子，且釋出的電子能量跟光的波長無關。愛因斯坦在20世紀對這些實驗結果做了理論性的解釋，建立了量子力學的基礎。

X射線光電子能譜法的原理和特長

用X射線照射物質，可激發被束縛在物質內的電子，使之變成**光電子**，脫離物質的表面（圖1）。根據愛因斯坦的光電效應理論，此時光電子的動能（K.E.）是由X射線的頻率v和電子的結合能（B.E.）決定：

$$K.E. = h\nu - B.E. - \phi$$

其中 h 是普朗克常數，ϕ 是使固體中的電子逸出至固體外（正確來說是真空中）所需的最低能量，這個值叫做**功函數**。

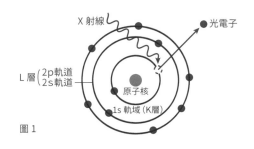

圖1

在**X射線光電子能譜（XPS）**學中，常常會捕捉從原子內層軌域逸出的光電子來做分析。此時，一般會用該軌道的能量去近似**結合能**。由於各元素的各軌域（例如碳原子的1s軌域〈C1s〉）原本就帶有能量，所以可藉著測量光電子的動能來分析元素組成。圖2是聚對苯二甲酸乙二酯（PET）薄膜的光電子能譜（寬頻譜），圖中檢測到組成元素中的氧和碳的訊號。

另一方面，結合能的值會因該元素的價數或結合狀態而發生些許改變。這叫做**化學位移**，而我們可以利用這個現象來分

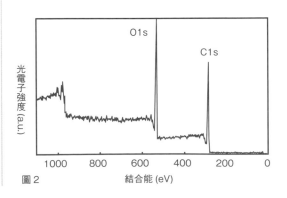

圖2

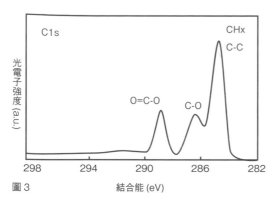

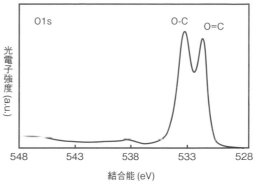

圖3   結合能 (eV)   結合能 (eV)

析化學狀態。圖3是PET薄膜的C1s和O1s的能譜，可觀察到因原子結合狀態不同，兩者的高峰位置和數量也不相同。

因X射線光電子能譜的感度很好而且不需要考慮試料的型態，是目前通用性最好的界面分析方法，被廣泛用於各式各樣的領域。尤其C1s的化學位移很大，可以從中取得很多跟碳的化學狀態有關的資訊，是有機和高分子材料的強力界面分析方法之一。

X射線光電子能譜為什麼能用於界面分析？

分析光電子能譜時所用通常是能量較低的軟X射線，即便如此，它依然足以深入試料表面數 μm 的部分。因此，試料內部也會產生光電子。但電子跟物質之間的相互作用很強，在試料中稍微移動一點點距離就會失去能量。

這些試料內部產生的電子不會反映在能譜的峰值上，最後只會檢測到物質介面附近極淺層（～數nm）部分產生的光電子，所以X射線光電子能譜只會反映出物質界面的資訊。

曼內‧西格巴恩

凱‧西格巴恩的父親曼內‧西格巴恩在1924年獲得諾貝爾物理學獎，也是一位X射線光譜學的研究者。他非常精準地測量出了各種原子產生的X射線波長，並發現了幾條譜線。曼內研究了這些譜線，幾乎完全理解了電子層的本質。他精準的測量成果，對量子論和原子物理學有極大的貢獻。

賓寧

格爾德・賓寧（1947年－）／德國

生於法蘭克福，在法蘭克福大學取得博士學位後，進入位於瑞士的IBM蘇黎世研究實驗室就職，並在該實驗室跟海因里希・羅雷爾一同於1982年研發出掃描式穿隧顯微鏡。1985年更開發出原子力顯微鏡。由於上述成就，賓寧跟羅雷爾和電子顯微鏡的發明者魯斯卡共同在1986年獲頒諾貝爾物理學獎。賓寧也被選為IBM院士，此外還擔任史丹福大學客座教授。可稱他為掃描探針顯微鏡的始祖。

利用穿隧電流觀察界面

在尖銳的金屬探針和導電性試料之間施加微弱的偏壓，然後使探針以幾乎要碰到的距離靠近試料（距離試料表面約1nm左右），電子就會因為量子力學的效應在探針和試料之間移動。這叫做穿隧效應，而此時產生的電流則叫穿隧電流。

若要使穿隧電流保持固定，讓探針在試料表面上掃描，就必須配合試料表面的凹凸情況調整探針（probe）的位置（圖1）。而將探針的位置變化畫成圖後，就能得知試料表面的形狀。賓寧在1980年代初期跟海因里希・羅雷爾一同發明了利用這種方式來觀察物質界面狀態的「掃描式穿隧顯微鏡（STM）」。

穿隧電流會隨探針和試料的距離劇烈改變，即使只有半個原子的距離差，測出來的數值也會大為不同。因此，掃描式穿隧顯微鏡可以觀察到原子層級的界面狀態。圖2是矽氧樹脂界面（Si（111）面）的觀察圖像，可看到原子排列得相當整齊規律。然而掃描式穿隧顯微鏡無法觀測電流無法通過的試料。

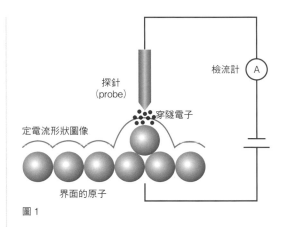

圖1

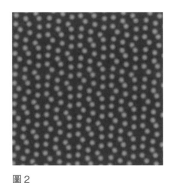

圖2

利用原子間力觀察界面

將端子靠近試料直到剛好足以產生穿隧電流的距離，探針尖端的原子和試料表面的原子之間會發生作用力。因此，賓寧後來利用在探針與試料之間作用的**原子間**

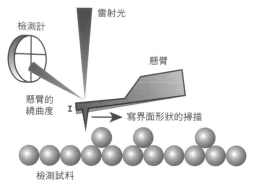

雷射光

檢測計

懸臂

懸臂的
繞曲度

寫界面形狀的掃描

檢測試料

圖3

圖4

力取代穿隧電流，在1986年發明了「**原子力顯微鏡（AFM）**」。掃描式電子顯微鏡是使用裝有板簧的探針（懸臂），讓探針和試料在掃描時保持固定的作用力，藉此測量試料表面的形狀（圖3）。由於所有物質之間都存在原子間力，所以此方法也可以在原子層級下觀察不導電的試料表面。一如圖4所示，就連不導電的雲母也能清楚觀察到。因此其可用範圍比掃描式穿隧顯微鏡廣大得多。

(((**外溢效應**)))

現在，科學家還研發出了使用具磁性和導電性的探針，可同時顯示界面形狀和磁區結構的「**掃描式磁力顯微鏡（MFM）**」（圖5），以及可測量界面電位的「**表面電位顯微鏡（KFM）**」（圖6）等新型顯微鏡。此類顯微鏡統稱「**掃描式探針顯微鏡（SPM）**」，是現代研究界面物性不可或缺的裝置。

掃描式磁力顯微鏡（MFM）

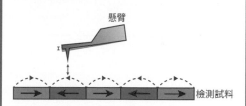

懸臂

檢測試料

用磁化的懸臂進行掃描，檢測樣品漏磁場產生的引力或斥力，測量試料表面的磁化。

圖5

表面電位差顯微鏡（KFM）

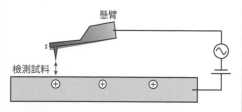

懸臂

檢測試料

對有導電性的懸臂施加交流電，檢測試料表案和懸臂間作用的電力，測量試料表面的電位。

圖6

16 決定有機化學物的結構

阿斯頓
（1877-1945年）

發明質譜儀

科布倫茨
（1873-1962年）

發現不同官能基對不同紅外線波長的吸收特性

拉比
（1898-1988年）

成功檢測核磁共振

以碳原子為基本骨架，並只搭配氫、氧等幾種元素組成的化合物就叫有機化合物。

我們的身邊充斥著有機化合物。例如醫藥品、化妝品、化學纖維、塑膠等產品主要就是由有機化合物構成的，碳纖維材料和OLED等新材料也有用到有機化合物。另外，將有機化合物用於電腦的半導體裝置和太陽能電池的研究也在進行中。為了製作這些產品，也必須合成新的有機化合物。

那麼，要怎麼知道在實驗室合成的複雜有機化合物的化學結構呢？

如果合成出的化合物是已知的，那只要檢測其性質，看看是否跟過去的資料相符，就能掌握該化合物的身份。

然而在實驗室製造出來的物質大多都是新物質，沒有資料可以比對。因此，就必須有一個可以靠自己的力量確定其結構的手段。

要確定有機化合物的結構，必須先知道它有多少質量、具有哪些特徵性的**官能基**（決定其反應性的小單位或化學鍵），以及分子的骨架。

阿斯頓發明了可以正確測量離子質量的質譜儀。**科布倫茨**發現了不同官能基會吸收不同的紅外線光譜。**拉比**則打開了可以使我們非常詳細了解分子骨架的核磁共振光譜法的發展道路。運用這些方法，現在科學家即便遇到未知的試料也能確定有機化合物的結構。

阿斯頓

弗朗西斯・威廉・阿斯頓（1877－1945年）／英國
生於伯明罕郊區的哈伯恩，大學就讀於梅森學院（現在的伯明罕大學），主攻物理學和化學。曾在釀酒廠工作，後進入伯明罕大學研究放電管，在1909年約瑟夫・湯姆森聘為助手，轉往劍橋大學卡文迪許實驗室。1919年時改良了湯姆森的裝置，發明出可以正確測量離子質量的質譜儀，並因這項成就在1922年獲得諾貝爾化學獎。1921年當選皇家學會院士。

從陽極射線研究到開發質譜法

一般測量物質的重量大多會使用天秤，而天秤的原理是利用地球的重力。那麼，對於分子這種質量非常小的，無法測量到其所受重力的微小物體，又該怎麼知道它們的質量呢？

英國的物理學家約瑟夫・湯姆森利用帶電粒子的流動會被電場或磁場彎曲的性質，開發了可以分離不同質量之粒子的裝置。因為在相同電磁場中所受的力雖然相同，但不同質量的粒子彎曲方式並不相同。該裝置使用了陽極射線管，管的內部會產生從陽極到陰極的陽離子流。如圖1所示，在陽極開孔時，從陽極到陰極的陽離子流（陽極射線）會從陰極的開孔往外流。陽極射線會被磁場扭曲，而電荷質量比相同的陽離子會有相同的彎曲軌跡。

湯姆森在測量氖的氣體分子離子時，觀測到2種略有不同的軌跡，因此發現了不同質量的氖原子（**同位素**）。1919年阿斯頓改良湯姆森的裝置，正確測量出離子的質量。

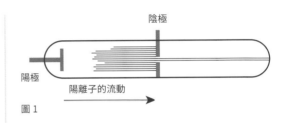

陰極
陽極
陽離子的流動
圖1

用質量分析法推測有機化合物的質量

在決定有機化合物的結構之前，一定要得先正確測量出它的質量。而這時我們所用的工具就是阿斯頓發明的**質譜儀**。圖2是質譜儀利用磁場測量質量的模式圖。首先用高速電子撞擊分子M，使分子離子被電子拉出來，製造出俗稱陽離子$M^{+·}$的離子。接著，用電場加速分子離子，再將其射入磁場中。分子離子的運動在磁場中會彎曲成圓形，其彎曲程度由分子離子的質量和磁場強度決定。因此，在特定的磁場強度下，只有特定質量的離子可以穿過收集夾縫，並到達檢測器。只要用不同磁場強度來測量，就能知道含有多少、哪幾種分子離子。

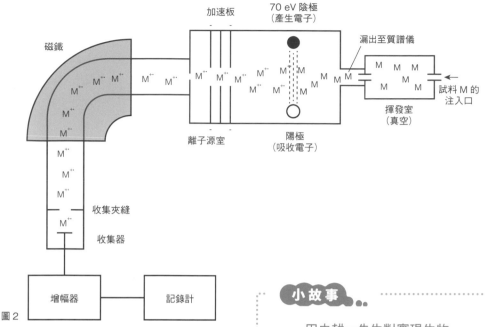

加速板
70 eV 陰極（產生電子）
磁鐵
漏出至質譜儀
M^{++} M^{++} M^{++}
M^{++} M^{++}
M^{+} M^{+} M^{+}
M^{+}
M
M M M M
M M M M
試料 M 的注入口
揮發室（真空）
離子源室
陽極（吸收電子）
M^{++}
M^{++}
M^{++}
M^{++}
收集夾縫
收集器
增幅器
記錄計
圖 2

質譜法也能用來解析有幾分子的結構

質譜法不只能用來調查分子離子的質量，也能取得有關組成結構的資訊。在離子化時所用的高速電子的能量足以切斷普通有幾分子中的鍵結，所以實際上一部分離子化的分子會被分解成小碎片。圖 3 是乙苯的質譜，除了來自原始分子離子的訊號（m／z－106）外，還能觀測到來自碎片的訊號（m／z＝91）。這類碎片都是弄清原始分子結構的線索。

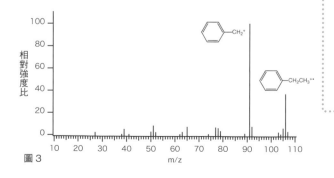

相對強度比
100
80
60
40
20
0
10 20 30 40 50 60 70 80 90 100 110
m/z
圖 3

16

決定有機化學物的結構

179

科布倫茨

威廉・韋伯・科布倫茨（1873 － 1962 年）／美國
生於俄亥俄州，康奈爾博士畢業。在卡內基研究所當研究員時，改良了當時早期
紅外線光譜測量設備，檢測了多種有機化合物的吸收光譜。1905 年他發表了自己
的測量結果，證實了每種官能基各有自己的吸收特性。後來他被召入華盛頓新成
立的國家標準局，並創設了輻射測量部，在那裡一直待到退休。

決定有機化合物性質的官能基

許多有機化合物是由只跟氫原子結合的碳原子透過單鍵連成的碳元素骨架組成的。不過，其中也有很多含有雙鍵或三鍵，又或是含有碳和氫以外之元素的有機化合物。這類化合物中的特定原子集團的反應性比其他部份更高，被稱為**官能基**。表1整理最常見的幾種官能基。官能基具有特殊的性質，決定了有機化合物整體的反應性和性質。例如，醋酸（CH_3COOH）這種帶有羧酸基（$-COOH$）的有機化合物會具有弱酸性。

分子的振動和紅外線吸收

構成分子的原子之間，其結合部位存在振動。由於這種振動的能量剛好是紅外線的能量帶，所以用紅外線照射分子時，分子會吸收特定波長的紅外線。使這種吸收模式更易於閱讀的圖譜叫紅外吸收光譜。由於官能基的吸收範圍和圖形特徵是固定的，所以只要分析紅外吸收光譜的峰值，就能推測出該化合物具有哪種官能基。圖1是乙苯的**紅外吸收光譜**。由圖可觀測到數個源自苯環振動的吸收點。

因為分子存在各種各樣的振動，所以紅外吸收光譜的形狀通常很複雜。然而，

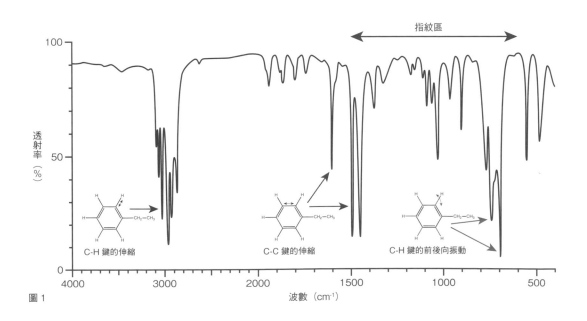

指紋區

C-H 鍵的伸縮

C-C 鍵的伸縮

C-H 鍵的前後向振動

透射率（%）

波數（cm⁻¹）

圖 1

如果反過來，紅外吸收光譜也能當成特定分子的「指紋」來看待。特別是在俗稱**指紋區**的區域，每種分子都表現出不同的光譜圖形。

舉個例子，圖2是正戊烷（C_5H_{12}）和己烷（C_6H_{14}）的紅外吸收光譜，這兩種化合物的分子非常相似，但仔細觀察指紋區，就能找出不同之處。

現在，科學界已替幾十萬種分子的紅外吸收光譜建立資料庫，只要將測量出的光譜輸入資料庫比對，就能鑑定未知的試料。

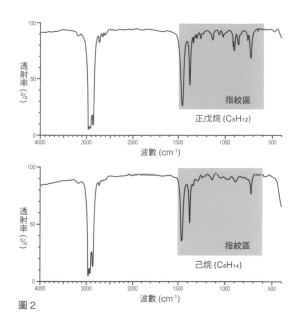

圖2

表1

官能基	官能基的名稱	分子式	一般名稱	例	
—OH	羥基	R—OH	醇	C_2H_5—OH	乙醇
—C（=O）H	醛基	R—C（=O）H	醛	CH_3—C（=O）—H	乙醛
—C（=O）—	羰基	R—C（=O）—R'	酮	CH_3—C（=O）—CH_3	丙酮
—C（=O）OH	羧基	R—C（=O）—OH	羧酸	CH_3—C（=O）—OH	醋酸
—S（=O）(=O)OH	磺酸基	R—S（=O）(=O)—OH	磺酸	苯—S（=O）(=O)—OH	苯磺酸
—O—	醚鍵	R—O—R'	醚	C_2H_5—O—C_2H_5	乙醚
—C（=O）—O—	酯鍵	R—C（=O）—O—R'	酯	CH_3—C（=O）—O—C_2H_5	乙酸乙酯
—N(H)(H)	胺基	R—N(H)(H)	胺	苯—N(H)(H)	苯胺
—N(=O)(=O)	硝基	R—N(=O)(=O)	硝基化合物	苯—N(=O)(=O)	硝基苯

拉比

伊西多・艾薩克・拉比（1898 - 1988年）／美國

生於奧匈帝國的加利西亞（現屬波蘭），猶太人，後全家移居至美國，在紐約長大。原考入康奈爾大學電機工程系，但入學後不久就轉修化學，1919年取得學士學位。畢業後進入職場就職，但1921年又回到康奈爾大學進修物理學，並於1927年轉至哥倫比亞大學，取得博士學位。博士畢業後前往歐洲做研究，之後又回到哥倫比亞大學，在1937年獲得正教授職位。因成功檢測到核磁共振訊號而在1944年獲得諾貝爾物理學獎。

由特異行為產生的共鳴

體都有獨特的振動模式，其振動頻率（1秒內的振動次數）稱為**自然頻率**。而有時當物體週期性地從外部接收到自然頻率的震波時，就會表現出特有的行為。這種現象叫做**共振**。

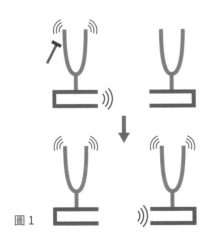

圖1

例如，把兩個裝有共鳴箱且自然頻率相同的音叉擺在一起，然後敲打其中一個音叉，結果就會像圖1一樣，使另一個音叉也開始振動。這是因為被敲打的音叉振動了底下的共鳴箱，使振動透過空氣傳遞到旁邊的共鳴箱，搖動了另一個共鳴箱上的音叉。但如果兩個音叉的自然頻率不同，就什麼都不會發生。

核自旋會吸收射頻

大多數原子核都存在類似自旋（spin）的行為，擁有**核自旋**。氫就是一種擁有核自旋的原子，由於其最簡單的型態1H（proton [質子]）帶有正電，所以旋轉時會形成磁場。因此，質子可以看成微小的原子磁鐵，放在磁場中時會像圖2所示全部朝同一方向（α自旋態）或反方向（β自旋態）排列。

這兩種狀態擁有不同的能量，如果用能量（頻率）相當於兩種狀態能量差的射頻照射，α態的質子就會吸收能量向β態「反轉」。這種現象叫做**核磁共振（NMR）**。

共振頻率的差異可成為探索分子結構的線索

引發核磁共振所需的射頻頻率（稱為**共振頻率**）因原子核的種類而有不同，就算是同一種原子核，在不同環境下也會產生差異。這叫做**化學位移**，可當成推測化合物中含有哪些幾種官能基的線索。

圖3是乙苯的^{1}H NMR頻譜，可以看到乙苯分子中的3種氫原子對應之共振線。這些共振線的面積（積分強度）等於三種1H原子的數量比。另外，NMR訊號有時不

一定只會在化學位移的位置觀察到單一一條線，而是分裂成很多條線。這是因為相鄰的 ^{1}H原子核會發生交互作用，這叫**自旋-自旋耦合**。藉由分析自旋-自旋耦合，就可以取得原子核連結的相關訊息（鄰接的 ^{1}H原子數量、化學鍵的角度等等）。

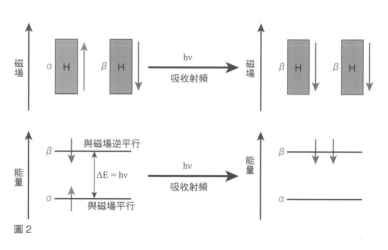

圖2

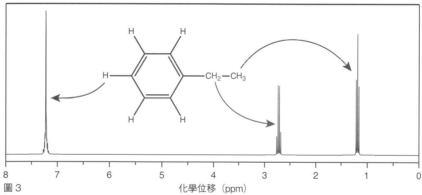

圖3　化學位移（ppm）

(((外溢效應)))

醫學中的核磁共振造影

　　1980年代中期，一項名為**核磁共振造影（MRI）**，對醫療領域非常有用的NRM應用技術問世了。其原理是讓病患全身躺在巨大電磁鐵的兩極之間，然後測量其 ^{1}H NRM頻譜，就能取得如右圖所示的組織質子濃度影像。

　　由於影像訊號大部分來自人體內的水，因此可以檢測水濃度異常的部位，

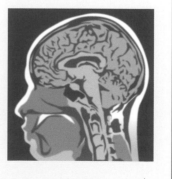

有效地用來診斷。經過1980年代末期的改良，如今MRI的分析時間已經從幾分鐘單位縮短到幾秒鐘單位，可直接觀察到血流、腎臟分泌、或其他跟醫療有關的各種現象。

參考文獻、網站一覽

第1章	化學的基礎〈波以耳／道耳頓／亞佛加厥〉
第2章	氫、氧的發現和燃素說〈卡文迪許／普里斯特里／席勒〉
第3章	二氧化碳和氮的發現與拉瓦節〈布拉克／盧瑟福／拉瓦節〉
第4章	元素週期〈門得列夫／戴維／拉姆齊〉
第5章	物理化學領域的開山三人組〈凡特荷夫／奧士華／阿瑞尼斯〉
第6章	電化學〈伏打／法拉第／能斯特〉
第7章	熱力學與化學能〈卡諾／焦耳／吉布斯〉
第8章	輻射化學〈貝克勒／居禮／尤里〉
第9章	反應速度〈哈伯／艾林／馬庫斯〉

『人物でよみとく物理（物理學家的科學講堂）』藤嶋昭 監修，田中幸、結城千代子 著（朝日新聞出版，2020年）

『現代化学史　原子・分子の科学の発展（現代化學史 原子、分子的科學發展）』廣田襄 著（京都大學學術出版會，2013年）

『化学史事典（化學史事典）』化學史學會 編（化學同人，2017年）

『化学史への招待（化學史的邀約）』化學史學會 編（オーム社，2019年）

『人物で語る化学入門（從歷史人物認識化學入門）』竹內敬人 著（岩波新書，2010年）

『化学の大発見物語（化學大發現的故事）』竹內均 著（牛頓出版，2002年）

『人物化学史（人物化學史）』島尾永康 著（朝倉書店，2002年）

『痛快化学史（痛快化學史）』Arthur Greenberg 著，渡邊正、久村典子 譯（朝倉書店，2006年）

『世界の科学者まるわかり図鑑（世界科學家全圖鑑）』藤嶋昭 監修（学研プラス，2018年）

『知識ゼロからの科学史入門（從零開始的科學史入門）』池內了 著（幻冬舍，2012年）

『図説世界を変えた50の科学（圖說 改變世界的50個科學）』Peter Moore、Mark Frary 著，小林朋則 譯（原書房，2014年）

『科学は歴史をどう変えてきたか（科學如何改變歷史）』Michael Mosley、John Lynch 著，久芳清彥 譯（東京書籍，2011年）

『化学をつくった人びと（創造化學的人們）』Kaloian Rusev Manolov 著，早川光雄 譯（東京圖書，1979年）

『科学史ひらめき図鑑（科學史上靈光一閃圖鑑）』杉山滋郎 監修，株式會社Space-Time 著（ナツメ社，2019年）

『まんが科学偉人伝（漫畫科學偉人傳）』室谷常藏 畫（くもん出版，1997年）

『新版　科学者の目（新版 科學家之眼）』加古里子 文、繪（童心社，2019年）

『科学史・科学論（科學史·科學論）』柴田和子 著（共立出版，2014年）

『科学好事家列伝（科學迷列傳）』佐藤滿彥 著（東京圖書出版，2006年）

『天才たちの科学史（天才們的科學史）』杉晴夫 著（平凡社新書，2011年）

『思い違いの科学史（被誤會的科學史）』青木國夫、板倉聖宣、市場泰男、鈴木善次、立川昭二、中山茂 著（朝日文庫，2002年）

『人類を変えた科学の大発見（改變人類的科學大發現）』小谷太郎 著（中經之文庫，2010年）

『理系の話大全（理化故事大學）』話題達人俱樂部 編（青春出版社，2015年）

『化学がめざすもの（化學的目標）』馬場正昭、廣田襄 著（京都大學學術出版會，2020年）

『ノーベル賞受賞者人物事典（諾貝爾獎得主事典）』東京書籍編輯部 編（東京書籍，2010年）

『伝記　世界を変えた人々1　キュリー夫人（傳記 改變世界的人們1 居禮夫人）』Beverly Birch 著，乾侑美子 譯（偕成社，1991年）

『キュリー夫人の理科教室（居禮夫人的理科教室）』吉祥瑞枝 監修，岡田勲、渡邊正 譯（丸善出版，2004年）

『化学熱力学入門（化學熱力學入門）』由井宏治 著（オーム社，2013年）

『検定外 高校化学（檢定外 高中化學）』坪村宏、雨宮孝治、堀川理介 著（化學同人，2006年）

『化学はじめの一歩シリーズ2 物理化学（化學的第一步系列2 物理化學）』真船文隆、渡邊正 著（化學同人，2016年）

『中学生にもわかる化学史（國中生也看得懂的化學史）』左卷健男 著（筑摩新書，2019年）

『ビジュアル大百科 元素と周期表（視覺大百科 元素和週期表）』Tom Jackson 著，Jack Challoner 監修，藤嶋昭 監譯，伊藤伸子 譯（化學同人，2018年）

『ケミストを魅了した元素と周期表（令化學家著迷的元素和週期表）』化學同人編輯部 編（化學同人，2013年）

『毒ガス開発の父ハーバー（毒氣武器之父 哈伯）』宮田親平 著（朝日新聞出版，2007年）

『絵で見る化学の世界2 なかよしいじわる元素の学校（圖說化學世界2 相親相愛壞心眼的元素學校）』加古里子 著（偕成社，1982年）

『絵で見る化学の世界6 かがやく年月化学のこよみ（圖說化學世界6 輝煌時代的化學曆）』加古里子 著（偕成社，1982年）

『異貌の科学者（異於常人的科學家）』小山慶太 著（丸善出版，1991年）

『酸素の科学（氧的科學）』神崎愷 著（日刊工業新聞社，2014）

『元素がわかると化学がわかる（搞懂元素就能搞懂化學）』齋藤勝裕 著（ベレ出版，2012年）

『図解雑学 元素（圖解雜學 元素）』富永裕久 著（ナツメ社，2005年）

『コロイド化学史（膠體化學史）』北原文雄 著（サイエンティスト，2017年）

『ファラデーの生涯（法拉第的生平）』Harry Sootin 著，小出昭一郎、田村保子 譯（東京圖書，1967年）

『蝋燭の科学（蠟燭的化學史）』法拉第 著，竹內敬人 譯（岩波文庫，2010年）

『科学史年表 増補版（科學史年表 增補版）』小山慶太 著（中公新書，2011年）

『ケンブリッジの天才科学者たち（劍橋的天才科學家們）』小山慶太 著（新潮選書，1995年）

『物理化学 基礎の基礎（物理化學 基礎的基礎）』田中一義 編著（化學同人，2009年）

『楽しい物理化学1 化学熱力学・反応速度論（快樂的物理化學1 化學熱力學☒反應速率論）』加納健司、山本雅博 著（講談社Scientific，2016年）

「私の論文（我的論文）」垣谷俊昭（名古屋大學）https://photosyn.jp/column-mypub_7.php 日本光合成學會

"Intramolecular Long-Distance Electron Transfer in Radical Anions. The Effects of Free Energy and Solvent on the Reaction Rates" J. R. Miller, L. T. Calcaterra, G. L. Closs, J. Am. Chem. Soc., 106, 3047-3049(1984)（以實驗展示了反轉區存在的原著論文）

第10章 化学鍵〈凱庫勒／路易斯／鮑林〉

『化学結合論（化學鍵論）』萊納斯·鮑林 著，小泉正夫 譯（共立出版，1962年）

『量子化学I（量子化學I）』井上晴夫 著（丸善出版，1996年）

『感動する化学（感動人的化學）』日本化學會 編（東京書籍，2010年）

『The Chemical Times』「ドイツの切手に現れた科学者、技術者達（20）フリードリッヒ・アウグスト・ケクレ・フォン・シュトラドニッツ（德國郵票上的科學家和工程師們（20）弗里德里希·奧古斯

特・凱庫勒・馮・斯特拉多尼茨）」原田馨 著，（通卷207期，2008年），p.22

A Biography of Distinguished Scientist Gilbert Newton Lewis, Edward S. Lewis. The Edward Mellen Press: Lewiston, NY, 1998.
(Journal of Chemical Education, 76, 1487(1999).)

Friedman, Ralph (September 6, 1962). "Nobel prize winner finally receives high school diploma". Index-Journal. Greenwood, SC. P.13－via Newspapers.com.

第11章　光化學〈卡莎／波特／圖羅〉

『分子光化学の原理（分子光化學的原理）』N. J. Turro、V. Ramamurthy、J. C. Scaiano 著，井上晴夫、伊藤攻 監譯（丸善出版，2013年）
『光化学Ⅰ（光化學Ⅰ）』井上晴夫、高木克彦 編著，佐佐木政子、朴鍾震 共著（丸善出版，1999年）
『「人工光合成」とは何か（什麼是「人工光合作用」）』光化學協會 編，井上晴夫 監修（講談社blue backs，2016年）
『光触媒のしくみ（光觸媒原理）』藤嶋昭、橋本和仁、渡部俊也 著（日本實業出版社，2000年）
『光量子の100年 レーザーと量子光学の発展（光量子的100年 雷射和量子光學的發展）』霜田光一 著（『光学』34號，p.634，2005年）

The Triplet State An Example of G. N. Lewis' Research Style, Michael Kasha, Journal of Chemical Education, 61, 204 (1984).
The Kasaha Guitar, https://www.jthbass.com/kasha.html
The Porter Medal, http://www.portermedal.com/index.html
Molecular Photochemistry, Nicholas J. Turro, W.A. Benjamin, Inc, New York, 1967.

第12章　高分子化學〈施陶丁格／卡羅瑟斯／櫻田一郎〉

『衣料と繊維がわかる驚異の進化（布料和纖維令人驚異的進化）』日本化學會 企画・編集，井上晴夫、齋藤幸一、島崎恒藏、宮崎あかね 監修，佐藤銀平 著（東京書籍，2011年）
『高分子説（1930年頃：シュタウディンガー）ケクレ原理から生まれた巨大分子（高分子學說（1930年前後：施陶丁格）自凱庫勒原理誕生的巨大分子）』鶴田禎二 著（高分子學會『高分子』56卷，p.6，2007年）
『高分子化学の確立（高分子化學的建立）』桜田一郎 著（『高分子』20卷3號，p167，1971年）
『繊維の歴史（纖維的歴史）』梶慶輔 著（纖維學會『繊維と工業（纖維與工業）』59卷4號，p.121，2003年）

デュポンが発明したナイロン、80年目を迎える
（杜邦發明尼龍80週年）
https://prtimes.jp/main/html/rd/p/000000001.000012631.html

「合成1号」ビニロンの工業化 ―先駆的な産学連携事業―，梶谷浩一
（「合成1號」維尼綸的工業化―先驅產學合作事業―））
https://sangakukan.jst.go.jp/journal/journal_contents/2009/12/articles/0912-02-2/0912-02-2_article.html

第13章　有機化學〈維勒／格林尼亞／伍華德〉

『ブルースター有機化学（藍星花有機化學）』R.Q.Brewster、W.E.McEwen 著，中西香爾 譯（東京化

學同人，1963年）

Catherine M. Jackson and Tracy O. Drier, "Liebig's Kaliapparat and the Origins of Scientific Glassblowing Fusion: Journal of the American Scientific Glassblowers Society (2017) 19-24.

「有機ケイ素とフェロセンの化学から不斉合成までの1つの流れ（從有機矽和鐵氧體化學到非對稱合成的單一流程）」熊田誠 著，（「有機合成化学協会誌」56卷1號，p.64，1998年）

「日本における有機合成化学の歴史 理学系（日本的有機合成化學史 理學系）」芝哲夫 著，（『有機合成化学協会誌（有機合成化學協會雜誌）』50卷12號，p.1070，1992年）
「グリニャール試薬とクロスカップリング反応—反応開発の歴史と産業利用について—（格氏試劑和偶聯反應—反應開發的歷史與產業應用—）」萩原秀樹、江口久雄 著，（日本化學會「化学と教育（化學與教育）」67卷，p.126，2019年）
「ウェーラーは何をしたのか—尿素の合成に関して—（維勒做了什麼—關於尿素的合成—）」岡博昭 著，（『大阪教育大学付属天王寺中高研究 集録（大阪教育大學附屬天王寺中高研究 集錄）』第53集，p.61，2011年）

Synform Philippe Barbier and Victor Grignard: Pioneers of Organomagnesium Chemistry NRBio Georg Thieme Verlag Stuttgart New York Synform 2018, 10, A155-A159, Published online September 17. 2018. DOI: 10.1055/s-0037-1609793

第14章 量子化學〈海特勒／馬利肯／福井謙一〉

『化学がつくる驚異の機能材料（化學創造的驚人功能性材料）』東京都立大學工業化學科分子應用科學研究會（講談社 blue backs，1992年）
「ハイトラーとゲーテ（海特勒和歌德）」高橋義人 著，（『モルフォロギア：ゲーテと自然科学（Morphologia：歌德與自然科學）』26號，p.2-14，2004年）

Robert Sanderson Mulliken, 7 June 1896-31 October 1986, Hugh Christopher Longuet-Higgins, Published:01 March 1990 https://doi.org/10.1098/rsbm.1990.0015
青天の霹靂だった福井謙一のノーベル化学賞の受賞（青天霹靂：福井謙一獲頒諾貝爾化學獎），馬場錬成（Science Portal China『中国科学技術月報』第154號，2019年）https://spc.jst.go.jp/hottopics/1908/r1908_baba.html

第15章 界面分析〈魯斯卡／西格巴恩／賓寧〉

『透過型電子顕微鏡（穿透式電子顯微鏡）』日本表面科學會 編（丸善出版，1999年）
『走査透過電子顕微鏡の物理（掃描穿透式電子顯微鏡的物理原理）』須藤彰三、岡真 監修，田中信夫 著（共立出版，2018年）
『ナノテクノロジーのための走査電子顕微鏡（為奈米科技而生的掃描式電子顯微鏡）』日本表面科學會 編（丸善出版，2004年）
『分析化学実技シリーズ 表面分析（分析化學技術系列 界面分析）』日本分析化學會 編（共立出版，2011年）
『分析化学実技シリーズ 走査型プローブ顕微鏡（分析化學技術系列 掃描式探針顯微鏡）』日本分析化學會 編（共立出版，2017年）

「材料研究における電子顕微鏡法の導入と発展（材料研究中電子顯微鏡方法的引進與發展）」黒田光太郎 著（日本金屬學會 Materia Japan 第 58 卷第 5 號，2019 年）

「顕微鏡の歴史 3. 顕微鏡の発明（顯微鏡的歷史 3. 顯微鏡的發明）」日本顯微鏡工業會（JMMA）
http://www.microscope.jp/history/03.html
「顕微鏡の能力その 1 〜分解能と倍率〜（顯微鏡的能力 1 〜角解析度和倍率〜）」OLYMPUS https://www.olympus-lifescience.com/ja/support/learn/03/045/
「電子顕微鏡の原理（電子顯微鏡的原理）」日本分析機器工業會（JAIMA）（https://www.jaima.or.jp/jp/analytical/basic/em/principle/）
「透過電子顕微鏡（TEM）（穿透式電子顯微鏡（TEM））」日本電子（JEOL）https://www.jeol.co.jp/science/em.html
「走査電子顕微鏡（SEM）（掃描式電子顯微鏡（SEM））」日本電子（JEOL）https://www.jeol.co.jp/words/semterms/a-z_04.pdf
「X 線光電子分光法（XPS）の原理と応用（X 射線光電子能譜法（XPS）的原理與應用）」日本分析機器工業会（JAIMA）https://www.jaima.or.jp/jp/analytical/basic/electronbeam/xps/
「走査型プローブ顕微鏡（掃描式探針顯微鏡）」島津製作所 https://www.an.shimadzu.co.jp/surface/spm/spm/extend.htm
「X 線光電子分光法(XPS)の原理と応用」　日本分析機器工業会（JAIMA）
https://www.jaima.or.jp/jp/analytical/basic/electronbeam/xps/
「走査型プローブ顕微鏡」島津製作所　https://www.an.shimadzu.co.jp/surface/spm/spm/extend.htm

第 16 章　決定有機化合物的結構〈阿斯頓／科布倫茨／拉比〉
『ボルハルト・ショアー 現代有機化学（Vollhardt 和 Schore 的現代有機化學）』K. P.C. Vollhardt、N. E. Schore 著，古賀憲司、野依良治、村橋俊一 監譯（化學同人，2019 年）
『絶対わかる有機化学（保證看懂的有機化學）』齋藤勝裕 著（講談社 Scientific，2003 年）

「トムソンとアストンによるネオン同位体の発見と質量分析器の開発（湯姆森和阿斯頓發現氖同位素和質譜儀的發明）」原子力百科事典 ATOMICA
https://atomica.jaea.go.jp/data/detail/dat_detail_16-03-03-04.html
「LC-MS のはなし その 5. 質量分析部の種類と扇形磁場型 MS（LC-MS 的故事 5. 質譜分析的種類和扇形磁場 MS）」島津製作所 https://www.an.shimadzu.co.jp/hpic/support/lib/lctalk/60/60intro.htm
「有機化合物のスペクトルデータベース SDBS（有機化合物的能譜資料庫 SDBS）」産業技術綜合研究所
https://sdbs.db.aist.go.jp/sdbs/cgi-bin/cre_index.cgi
「核磁気共鳴装置の原理と応用（核磁共振裝置的原理與應用）」日本分析機器工業会（JAIMA）
https://www.jaima.or.jp/jp/analytical/basic/magneticresonance/nmr/

索引 粗體人名為本書重點介紹的人物。其他人名只列出姓名。（以筆畫排列）

JINBUTSU DE YOMITOKU KAGAKU
© AKIRA FUJISHIMA / HARUO INOUE / NORIHIRO SUZUKI / KATSUNORI TSUNODA 2021
Originally published in Japan in 2021 by The Asahi Gakusei Shimbun Company, TOKYO.
Traditional Chinese translation rights arranged with The Asahi Gakusei Shimbun Company TOKYO,
through TOHAN CORPORATION, TOKYO.

化學家的科學講堂
從元素、人體到宇宙，無所不在的化學定律

2022 年 12 月 1 日初版第一刷發行
2023 年 10 月 15 日初版第二刷發行

著　　　者	藤嶋昭、井上晴夫、鈴木孝宗、角田勝則
編輯委員會	藤嶋昭、井上晴夫、鈴木孝宗、角田勝則、田中幸、結城千代子、菱沼光代、伊藤真紀子
插　　　圖	舟田裕、松澤康行、佐竹政紀
照　　　片	Alamy、iStock、其他於本文中標示
譯　　　者	陳識中
編　　　輯	魏紫庭
發 行 人	若森稔雄
發 行 所	台灣東販股份有限公司
	＜地址＞台北市南京東路 4 段 130 號 2F-1
	＜電話＞（02）2577-8878
	＜傳真＞（02）2577-8896
	＜網址＞http://www.tohan.com.tw
郵 撥 帳 號	1405049-4
法 律 顧 問	蕭雄淋律師
總 經 銷	聯合發行股份有限公司
	＜電話＞（02）2917-8022

國家圖書館出版品預行編目 (CIP) 資料

化學家的科學講堂：從元素、人體到宇宙，無所不在
的化學定律 / 藤嶋昭，井上晴夫，鈴木孝宗，角田勝
則著；陳識中譯 . -- 初版 . -- 臺北市：臺灣東販股份
有限公司 , 2022.12
194 面；18.2×25.7 公分
譯自：人物でよみとく化学
ISBN 978-626-329-611-4(平裝)

1.CST: 化學 2.CST: 科學家

340　　　　　　　　　　　　　　　　111017898